图书在版编目（CIP）数据

孩子能看懂的人类简史 / 魏异君著 . — 武汉：长
江少年儿童出版社，2023.10
（我们从哪里来·科学探索书系）
ISBN 978-7-5721-2385-6

Ⅰ . ①孩… Ⅱ . ①魏… Ⅲ . ①人类科学 – 少儿读物
Ⅳ . ① Q98-49

中国国家版本馆CIP数据核字(2023)第096961号

WOMEN CONG NALI LAI·KEXUE TANSUO SHUXI
我们从哪里来·科学探索书系
HAIZI NENG KAN DONG DE RENLEI JIANSHI
孩子能看懂的人类简史

出 品 人：何 龙
策 划：何少华 傅 篪
责任编辑：罗 曼
责任校对：邓晓素
出版发行：长江少年儿童出版社
责任印制：邱 刚
业务电话：027-87679199
网 址：http://www.hbcp.com
印 刷：武汉新鸿业印务有限公司
经 销：新华书店湖北发行所
版 次：2023年10月第1版
印 次：2023年10月第1次印刷
开 本：720毫米 × 950毫米 1/16
印 张：8
书 号：ISBN 978-7-5721-2385-6
定 价：36.00元

云飞扬

男生，12岁，高鼻梁。他出生时，爸爸梦见从水中飘起一团雾气，升到天空形成一团彩云，然后随风飞扬。他爸爸醒来后，便给他取了这个名字。他爸爸是希望他能像那团彩云一样自由活泼。他也的确很活泼，而且思维飞扬，求知欲极强，还超级爱幻想。只是他行为莽撞，是个急性子。

夏语

女生，12岁，聪明漂亮，身材修长，有一双特别大的眼睛。她是云飞扬不打不相识的同桌，两人从一年级斗到了六年级，现在却成了好朋友。她也对未知的事情充满好奇，并且热爱学习。

怪博士

男性，近60岁，地中海发型，温文尔雅，是位物理学博士。他从事天文、地理和人类学等方面的研究，工作严谨，思维缜密。他对小朋友也特别友好；他非常幽默，爱说笑话，但行为怪诞，异于常人。

章树叶

男生，12岁，是云飞扬的死党。他妈妈特别喜欢樟树，便给他取了这个很特别的名字。他身材高大，却胆小怕事，不爱说话。后来在云飞扬的带动下，他开始变得自信起来。

目录
CONTENTS

从宇宙起源，
到地球诞生，
再到人类出现。

　　本套书将世界各国科学家的发现与研究，以
孩子们喜闻乐见的方式，进行系统地诠释，让孩
子们在阅读中，对深奥的科学知识能读得懂、学
得进、记得住，能全面地了解浩瀚而神秘的宇宙，
破解星空与地球的密码，知晓我们是从哪儿来的。

　　谨以此书向那些为人类做出过巨大贡献的科
学家、学者和相关人士，致以最崇高的敬意!

　　特别感谢我国著名古人类科学家、中国科学院
院士舒德干先生为这本书的部分内容提供专业指
导意见。

故事前的故事

　　云飞扬、夏语和章树叶三人，把上周从怪博士那儿学到的地球知识讲给同学们听，结果再次引起了轰动。

　　原来地球的诞生过程，是那么神奇美妙。早期的地球，竟然遭受了那么多陨星的撞击。地球还经历了那么多次的大演变，现在地球上有那么多的国家和人口，以及那么多的宝藏和神秘之地。

　　之前的宇宙知识，已经牢牢地拴住了同学们的心。现在又多了个地球知识，那还不更加让同学们着迷？ 大家本来就对这个世界充满着好奇，现在有人给他们讲这些知识，谁会错过这样的好机会呢？

　　所以每到课余时间，就有一堆同学围住他们，缠着要听那些知识。他们走到哪儿，哪儿便会出现人扎堆的场景。

　　好表现的云飞扬更来劲了，他每天都成了讲话的主角。

　　他越讲越有经验，竟然学会了把宇宙知识与地球知识结合到一起，融会贯通地讲。这种讲法妙趣横生，同学们听他讲这些知识，就像听有趣的故事一样。

　　大家陶醉在这片知识的海洋中，对宇宙和地球有了深刻的了解。

　　三个孩子通过讲述这些知识，都有很大的收获。他们的口才变

得越来越好，知识也更加丰富了。

而且，他们还变得非常爱学习，只要有空，就书不离手，学习成绩也一路飙升。

变化最大的是云飞扬，他比以前更阳光风趣了，人也显得特别精神，头发都像在飞扬。

知识真能改变一个人，不仅让人变得更加优秀，似乎还能让人光芒万丈。现在三个孩子走到哪儿，哪儿都像被他们照亮了一样。

时间过得真快，这个星期即将过去。对三个孩子来说，那个急切等待的日子就快要到来，他们马上又可以听怪博士讲人类知识了。

三个孩子聚在一起，商量这次该给怪博士带什么好吃的。

夏语提议，这次大家都换一换，最好是新鲜水果。

她的提议很快得到了云飞扬和章树叶的认可。三人开始琢磨起来，带什么水果好呢？

章树叶觉得，这个时候最好吃的水果是山竹。他决定带一些山竹给怪博士。

夏语觉得，这个时候最好吃的水果是樱桃。她决定带一些樱桃给怪博士。

云飞扬却觉得，这个时候最好吃的水果是枇杷。他决定带一些枇杷给怪博士。

大家做好决定，便各自去准备了。

周六这天早上，云飞扬的爸爸开车带着云飞扬，先去接了夏语

和章树叶，然后再次把他们送到了怪博士的科研所。

和前两次一样，云飞扬的爸爸把三个孩子交给怪博士后，便回去了。

这次课，三个孩子依然在同一间房里，在同样的座位坐下。唯一有变化的，只是那块银幕上所显示的内容。今天显示的是如下几个大字：人类是从哪儿来的？

三个孩子放下背包，将带来的水果送到怪博士面前。怪博士也没多说什么，便将这些水果拿去洗净，然后分成四份，每个人的面前都放上一份。

大家坐定后，怪博士说道："今天我给你们讲的是人类知识，我要把人类是从哪儿来的，人类自诞生以后经历了哪些重要的进化过程，我们为什么长成这样，我们为什么能直立行走，我们的意识是怎样产生的，人类的未来将会怎样，以及与人类相关的很多知识，都讲给你们听。希望你们和前两次一样，认真地听讲，认真地做笔记，并踊跃提问题。"

三个孩子都点头说好。

最初
只是古生菌

怪博士敲击着电脑键盘，更新了银幕上的内容，正式开讲了。这次课程的主题是：我们人类，是从哪儿来的呢？

要回答这个问题，还需要追溯到大约 40 亿年前。那个时候，地球上还没有人类，只是开始迸发出了生命的火花。

正如上周在地球知识中所讲的那样，当时地球正处于"水球时代"，气候异常，每天都会遭受上万次剧烈的雷电轰击，而且狂风不止，大雨滂沱。一场长时间的瓢泼大雨，不仅彻底浇灭了地球表面的火焰，还将地表深深地淹没在大水当中，地球表面成了一片汪洋。

从此地球完成了第一阶段长达 6 亿年的成长演化过程——从"火球时代"进入"水球时代"。

地球上有了大量的水，便有了一切可能。

那时的水让"火球"般的地球表面冷却下来。水中还融入了许多原始物质，就像是一锅营养汤。

或许是某颗陨星在撞击地球时，带来了一种很神奇的物质，

那就是有机化合物。这种物质与地球上这锅营养汤中的某些元素巧妙地结合在一起后，可能是被当时天空中的雷电激活了，从而产生了一些令人难以置信的奇妙变化，竟然生成了一种含有几百个基因，并能进行 DNA 复制的原始细胞团块。于是，地球上一种极其简单的生命体，魔幻一般诞生了！

它们是一种比较特殊的古生菌。它们的出现意义非凡，从此，地球上便开启了从无到有、从简到繁、从少到多、从微小到巨大，时间跨度长达几十亿年的，浩浩荡荡的生物进化历程。

关于地球生命来自外星球的说法是有根据的。因为科学家已从天外飞来的陨石中，找到了含有有机化合物的相关证据。

有关地球生命的起源还有另外一种说法，即起源于海底热泉口（又称黑烟囱）。因为在那些地方，也发现了古生物起源的条件。

如果地球生命的诞生真与外星球所带来的物质有关，那真是天作之合呀！

但即便地球生命是出自地球本身，那也是一件无比神奇的事情！

令人庆幸的是，在当时极其恶劣的环境中，这种极其微弱的古生菌，竟然奇迹般地活了下来。它们可能经受了无数的磨难，或许很多时候都是命悬一线。

它们在诞生之初，可能繁殖速度非常慢。它们以分裂的方式繁殖，就是一个分裂成两个，两个分裂成四个。以这种方式所产生的后代，形态和基因都与自己一模一样。

　　大约在 35 亿年前，它们发生了一次惊人的大演变，开始有了新陈代谢功能，而且繁殖能力也更强了。它们还获得了一项奇妙的能力，竟然可以通过吸收阳光，进行光合作用获取能量。在这一过程中，它们还创造了一种奇特的物质——氧气。于是，它们有了一个新名字——蓝细菌，旧称"蓝藻"。

　　从此，它们迈出了生物进化史上非常重要的一步，开始成为真正意义上的生命体。

　　它们的后代迅速多了起来，但它们还是单细胞生命，处于生命的最原始状态。

　　非常意外的是，它们在这次变化中，还出了一个大问题。那就是它们新生的后代的生命变得非常短暂。以前几乎是长生不老，现在从出生到死亡，却只有几个小时，甚至更短的时间。

　　它们无可奈何，只能依靠提高繁殖速度来保障生命的延续。它们的种群数量慢慢壮大，并随着海水向四方扩散。

　　又过了很长时间，它们开始在海洋浅滩处聚集，从而形成一堆堆的层叠菌落；它们通过阳光获取能量，并不断地制造氧气。

　　大约在 21 亿年前，已被大水淹没了大约十几亿年之久的地球突然觉醒。地核中有一股无比巨大的能量，以不可阻挡的态势，推动了地球一次大规模"板块运动"。

　　或许地球之前已经开始了无数次板块运动，只是规模都没有这次大。这次板块运动不仅引起了海洋震动、海啸频发，很多火

山也从水中冒了出来。火山爆发创造了许多火山岛屿，这些岛屿构建了地球上最初的大片陆地。

在这次大规模板块运动之前，地球还发生了一次大氧化事件。或许是这次地球板块运动加热了地球环境，促成那些刚刚在大氧化洗礼后活下来的生物，又有了一次重大演变。可能是有一只古生菌吞噬了一只好氧细菌，它们奇妙地形成共生关系，并演化出拥有细胞核和线粒体的真核生物。随后，它们进化成多细胞生命，并出现了自由地结合到一起的现象，开启了最早的"双亲"繁衍模式。

当然这种"双亲"繁衍模式，并不是现代意义上的父母双亲繁衍概念，因为它们并没有性别之分。

但尽管如此，这一变化却有着重要意义。因为以这种新的繁衍方式所产生的后代，它们的基因不再是来自一方，而是来自双方。

不过，这种新的繁衍方式也带来了不少问题，比如会让它们的后代丢失一些基因，也会打乱一些基因的排序，还会引发一些基因的变异。

然而正是有了这些不确定因素，才使它们在后来的进化进程中，创造出了众多的不同生命，让后来的地球变得如此丰富多彩、生机盎然。而且它们的后代也更能适应环境变化。

那个时候，地球上虽然已有了不少的陆地，但陆地表面几乎都是裸露的岩石，没有泥土。即便有的地方被风化出了一些泥土，

也缺乏营养，还不能生长植物。那时的生物，都生活在海洋当中。

令人意想不到的是，众多的蓝细菌经过十几亿年的不断努力，居然在海洋中制造出了大量的氧气。

多余的氧气飘出水面，升到天空，与空中的某些元素混合后形成了一个厚厚的大气层，并在那个大气层中，巧妙地构建出了一道臭氧层。

大气层的形成，让地球生物有了更好的生存条件。臭氧层的产生，让地球生物不再遭受太空紫外线的侵扰。

当地球环境变好后，地球生物又在自然选择中悄悄酝酿着更大的进化。

古生物学家对化石进行研究后发现，古生菌可能是地球上最早的单细胞类生命体。它可能是地球上一切生物的始祖，其中包括所有的动物和植物，以及我们人类。

三个孩子听到这儿都非常吃惊，原来人类的始祖以及地球上一切生物的始祖，可能是同一种古生菌！这真是闻所未闻，太难想象了！

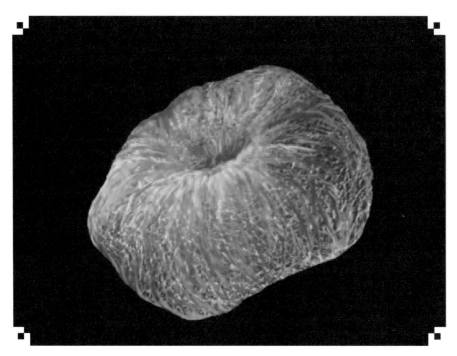

现存古生菌——嗜酸热硫化叶菌

　　云飞扬在想：如果地球上的生命，真是受外星球带来的物质影响所产生的，那么我们都可以算外星人了！我们费心费力地去寻找外星人，没想到自己就是外星人！

　　他脑海里浮现出这样一番景象，他突然变成一个长相奇怪的外星人，无论走到哪儿，都把别人吓得又哭又叫，结果遭到很多人的追打。他四处躲藏，却总也找不到容身之所。他正被一伙人围住时，忽然发现所有的人，都变成了长相奇怪的外星人。大家你看看我，我看看你，同时大笑了起来，然后一一握手言和，彼此之间再也不会害怕了。

开始吸氧与运动，
向多细胞动物转化

地球生物在悄悄地酝酿着什么样的大演进呢？

机会总是留给有准备的人，这句话在自然界同样适用。

当地球具有了那样的好环境后，地球生物抓住了时机。大约在 6.5 亿年前，数千个真核生物组合到一起，形成了一种新的生命体：多细胞海绵生物。从此，它们开启了多细胞动物时代，并成为真正意义上的动物。

有了这些变化，它们的运动能力得到很大增强，慢慢地能做一些轻微的动作。

如果它们还是单个细胞体，肯定做不到这一点。只有众多的细胞体联合起来，才能具有这样的力量。

它们经过几千万年这样的运动后，开始生长肌肉细胞。

肌肉细胞的生长，让它们的运动能力不断增强。渐渐地，它们可以做一些很微弱的游动动作。随后，它们便开启了生物界的游动历史。

地球上所有动物的肌肉细胞，可能就是从这个时期以这种方

式生长出来的。

又过了漫长的岁月，它们身上的肌肉细胞越长越饱满。它们游动的动作，也变得更加快捷和持久了。

后来它们还进化出了很多其他多细胞动物，如珊瑚虫、蓝田虫、休宁虫和早期水母。其中有原始腔肠动物、原始环节动物和原始节肢动物等。那时候的多细胞动物，体积都非常微小，如浮游生物一样漂荡在海洋中，很多都难以用肉眼看见。

而且那个时候，它们还没有长出眼睛、嘴巴和肛门。它们通过皮肤细胞渗透汲取营养，以维持生命。没有眼睛，就看不见东西，所以它们完全不知道这个世界是什么样子，也不知道自己长什么样子。好在大家都是一样的，没有比较就没有伤害，谁也不知道去计较这些。

非常神奇的是，在这样一个浑浑噩噩的漫长时代，它们却创造了一项奇迹：竟然不断地进化出新的物种。随后在距今大约 5.4 亿年前，便出现了"寒武纪生命大爆发"事件。海洋中迅速出现了众多不同的生物物种，呈现出一派繁荣昌盛的景象。

或许那些最早期的动物长期努力地通过皮肤汲取营养，从而导致它们皮肤某处发生了变异。随后，有一种被称为"西大动物"的动物奇迹般地进化出了"嘴巴"，从此地球上的生物，有了第一张"口"。

有了嘴巴，动物的生活变得大不一样，它们可以"吃"东西了。

食物得到增加，它们的身体也能快速地生长。

但吃了东西，就得有排泄口，它们慢慢地又进化出了"肛门"。再后来，它们的身体越变越长，并长出了更加优美的尾巴。它们的某处皮肤又在变异，开始能感受到外界的亮光。

随后，动物界又一个非常神奇的器官进化出来了，那就是眼睛。有了眼睛，它们就能看清这个世界，也能看清自己的样貌。

没事的时候，它们总会扭转头来好好地看着自己。有时看着看着，竟然发起呆来，似乎是被自己那美丽的样貌迷住了一样。

或许动物爱美的这个嗜好，就是从那个时期开始的。如果按照这个时间计算，也有 5 亿多年的历史了。

那些有眼睛的动物，很快成为海洋中的主流。它们寻找食物更容易了：不再像以前那样全凭运气，遇到什么便吃什么，瞎猫碰死老鼠，碰到了算数，碰不到就得挨饿；如果错误地碰到天敌的嘴里，还可能搭上自己的一条命。

它们的行动也变得更加敏捷了，而且还能自由地调整方向。它们也由此能够活得更久，活得更精彩。它们的种群数量，得到了更快地发展。

它们还在这一时期，魔幻般地进化出了两种性别——雄性和雌性。也是从这个时候起，地球上的生命有了性别之分。

但是有了嘴巴和眼睛后，却导致了许多可怕的事情发生——不断地出现杀戮场面。因为那些强大的动物，总在捕食弱小的生物。

从此地球上不再安宁，动物界弱肉强食的时代就这样开始了。

那些体形较小的动物，时时刻刻都处于惊恐当中，经常被强敌追得四处逃命。

多细胞动物是如何进化成早期虫类的，是一直困扰古生物学家的前沿问题，目前还无法证明哪种早期多细胞动物是最先出现的。中国古生物学家、中国科学院院士舒德干多年潜心研究古虫动物，并创建了古虫动物门，还提出了"三幕式寒武纪大爆发"假说。中国科学院南京地质古生物研究所的万斌博士，也从安徽休宁的化石中，发现了大约 6.1 亿年前的蓝田虫。

三个孩子得知人类的祖先可能还经历了一段多细胞动物时代，惊得眼珠子都要掉下来了！

人物冒泡

云飞扬在想：人类为什么只进化出了两只眼睛？ 如果是三只眼睛该有多好呀！

他脑海里浮现出这样一番景象：他有三只眼睛。在他后脑勺上还长有一只眼睛。他可以全方位地看到周围的一切东西，如果有人从后面偷袭他，他也能看得一清二楚。

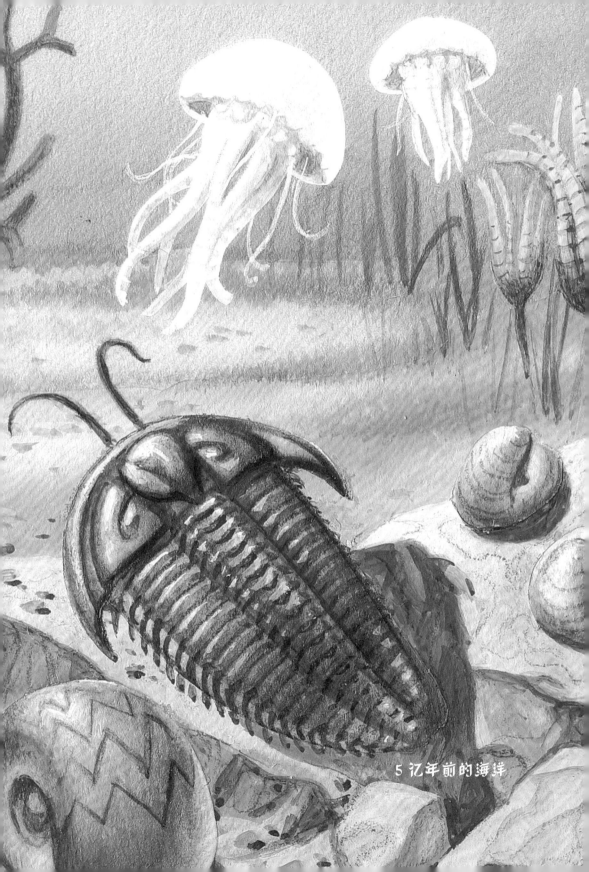

5 亿年前的海洋

3

长出鳃裂、头脑、脊椎
和心脏，逐渐成为鱼类

那些有了眼睛和嘴巴的动物又有哪些变化呢？

其实激烈的竞争也不完全是坏事，因为那样更能促进生物的进化。

它们开始长出鳃裂，逐渐向鱼类进化。

再后来，那些向鱼类进化的动物，在眼睛后面，又长出了许多神经细胞。慢慢地，这些细胞聚在一起，开始进化出一种自然界最为复杂，也最为神奇的器官——头脑。

于是，这些动物成了一种身体结构极其简单，却拥有一颗较为复杂的头脑的生物。

它们虽然有了头脑，但那时它们的头脑还比较小，只有针尖那么大，根本不能思考问题，只能起着一些指挥身体基本行动的作用。

又过了很长一段时间，那些动物因为基因突变和自然选择，又发生了巨变。它们身体内的一处棒状组织结构，竟然进化成了脊椎。

它们的肌肉细胞也聚在血管周围，并通过不断挤压，将体内的血液输送到各个部位。慢慢地，生物界另一种更具魔力的生命

器官出现了，那就是心脏。

心脏诞生后，就像是一台永不停歇的机器，生命不止，心脏便劳作不息。

于是，这种可能是人类祖先的动物，大约在5.3亿年前，又有了一个新名字——昆明鱼。从此，它们开启了鱼类时代。

昆明鱼属于昆明鱼目，是指一种原始的鱼类。昆明鱼目不仅包含昆明鱼自身，还包括海口鱼和钟健鱼等。

1999年，中国科学家舒德干院士在云南昆明海口镇，发现了昆明鱼化石。

可能正是由于昆明鱼这一系列的大演化，后来的人类才能够思考问题，站立起来，以及快速奔跑。

生命进化具有一定的趋同性。就在这个时段，还有很多其他物种，都先后进化出了这些器官。

昆明鱼有了这些器官，就更有力量了，能够游得更快、长得更大、活得更久。

它们似乎有了一种信心，海洋那么大，它们也想去看看。它们开始冒险，不断地远游。在一代代的接力下，它们最终成功远涉重洋，游遍天下。

后来在地球上的很多地方，都能看见它们后代的身影。

或许正是因为它们能游得更远，找到更多的食物，所以才渡过了一次大灾难，那就是发生在距今4.4亿多年前的"第一次生

物大灭绝事件"——奥陶纪末生物大灭绝。

在这次事件中，大约有85%的海洋生物物种，永远地从地球上消失了。虽然昆明鱼的一些后代活了下来，但在后来的进化竞赛中，却没有超越一种叫"奇虾"的生物。

那种生物不知是吃了什么灵丹妙药，竟然噌噌地疯长，结果长到了一米多长。

那时的动物个头都比较小，只有几毫米到几厘米。成年奇虾体长最大可达2米以上，简直是巨无霸。

而且奇虾的进化非常完美，嘴里竟然长出了许多像剃刀一样锋利的鳞片器官。那些器官可是当时最具杀伤力的武器，谁要是与奇虾争锋，结果只有一个，那就是被奇虾当点心吃掉。奇虾是当时的海洋霸主，它们总是耀武扬威、横行霸道、恃强凌弱、肆意妄为。

这时昆明鱼的后代根本不是奇虾的对手。如果碰见了奇虾，也只有一种选择，那就是赶紧逃命。在这种恶劣的环境中，昆明鱼的后代要生存下去，非常不容易。到处是强大的敌人，毫无安全可言。

或许是迫于生存危机，在自然选择中，昆明鱼的后代只得改变自己。大约在距今4.2亿年前，它们再次发生了魔幻般的改变，竟然进化成一种非常威武的大怪鱼，可以称它们为"初始全颌鱼"。

初始全颌鱼的身体有一米多长，还长出了如甲胄一样的鳞片，

并有了强有力的颌骨和锋利如铡刀的骨片板齿。

它们的力量比以前大了许多，也成了一种威风凛凛的大鱼。

它们开始从食物链的中低端走向中高端。

动物脸部的上下颌骨，可能就是在那个时期进化出来的。如果真是这样，动物脸部的上下颌骨已经有4亿多年的生长史了。

但是有了这些变化，似乎还很不够，因为在那时的海洋中，出现了一种超级大鱼，名叫邓氏鱼（曾被称为恐鱼）。邓氏鱼最大体长可达十米，是当时海洋中的顶级掠食者。邓氏鱼非常凶猛，随时都会出现在初始全颌鱼的面前，初始全颌鱼的处境依然十分危险。

为了活命，初始全颌鱼不得不去寻找一些安全地带。

它们开始离开深海，来到一些浅滩边上的沼泽地带。虽然这些地方的食物不够充足，却没有邓氏鱼的威胁。而且那些地方阳光充足，海水也要暖和许多。它们在这样的地方生活了很多年后，又进化成了拥有对鳍的肉鳍鱼。

它们本以为找到了很好的栖息地，能够从此过上幸福安定的生活，却没有想到差点丧命在这些地方。

古生物学家研究化石材料后发现：昆明鱼可能是地球上最早的脊椎动物，是一切脊椎动物的祖先。

三个孩子听到这儿，都紧张起来，那些地方会有什么危险呢？他们都想知道答案，于是迫切地等待着怪博士讲下去。

昆明鱼

云飞扬在想：原来人类的祖先还经历了鱼类时代，怪不得人类都喜欢玩水呢！

他脑海里浮现出这样一番景象，他在大海里游泳，还游得非常快。他那高高的鼻尖，在海面上划出了一道白花花的分水线。

他游着游着，突然看见前方有一条凶猛的邓氏鱼。他吓得魂飞魄散，赶紧掉头往回游。他好不容易逃上了岸，远远地看着那条邓氏鱼，心里惊得怦怦乱跳！

长出肺器官，
成为两栖动物

这些肉鳍鱼到底遭遇了什么呢？

可能是受某一段时间环境变化的影响，那些地方严重缺氧。刚开始时，它们还能忍耐。但时间长了，就出了大问题。它们仿佛要在窒息中死去一样，身上的肌肉细胞纷纷"瘫痪"，行动也变得异常困难。

但是此时它们如果再回到深海中去，更容易被那些邓氏鱼吃掉。因为它们已变得非常虚弱，根本没有能力逃避邓氏鱼的追击。

为了活命，它们只能在这些地方煎熬着，等待着好运到来。它们为此付出了惨痛代价，很多同类纷纷死去，种群数量不断减少。

世界上真无绝人之路，每一次危机中都可能蕴藏着生机。

肉鳍鱼这时的情况就是这样，它们身处这种度日如年的绝境中，却由此因祸得福。在自然选择中，它们的基因又出现了突变。经过一段漫长的岁月后，它们竟然进化出了鱼类从未有过的奇妙器官，那就是肺！ 肺和鳔（biào）都可能是由肉鳍鱼的原始肺组织进化出来的。有了这种新器官，它们吸取到的氧气量就多了，

于是逃过这次大劫难。

人类的肺，可能就是在这样一种恶劣环境中生长出来的。这也是生物进化史上的又一次重大突破，让水生物种走向陆地成为可能。

如果没有邓氏鱼的威胁，或许初始全颌鱼永远都生活在深海当中。倘若真是那样，可能就没有后来的鱼类登陆和今天的人类了。

自从有了肺器官，它们的行为就变得很怪异了，总喜欢把头伸出水面，去呼吸外面的空气。

这是鱼类从未有过的举动，这也预示着它们将要与其他鱼类分道扬镳。

事实正是这样。在之后的几千万年间，它们不断地发生新的变化。它们的模样有了很大改变，与以前完全不同了。它们的鳃部器官渐渐消失，长出了颈部。它们腹部的四只肉鳍，也演化成了四肢。

它们拥有四肢后，有一部分离开海洋，游到河流和湖泊中去，并逐渐地适应了淡水环境。

又过了很长的时间，它们的四肢变得越来越发达，并长出了肱骨、腕骨、掌骨和指（趾）骨。

这种可能是人类祖先的动物，大约在 3.75 亿年前，又有了一个新名字——提塔利克鱼。

这个时候，地球上的气候已变得温和湿润。土壤经历了 10 多

亿年的风化与滋养，也非常肥沃了。陆地上长满了丰茂的蕨类植物，并出现了很多昆虫。

在陆地上众多昆虫长时间的诱惑下，提塔利克鱼终于鼓足勇气，开始登陆上岸。

这是一次非常伟大的行动，从而开创了动物界一片崭新的天地。正因为这次伟大的行动，才有了后来陆地动物精彩绝伦的进化史。从此，它们开启了水陆两栖时代。

提塔利克鱼登陆上岸后，发现陆地简直就是天堂，美食享用不尽。而且陆地上天宽地阔，可以任由它们开心地玩耍，还没有天敌。

它们那时还没有长出成形的四足，基本上是用四只鳍当脚爬行。但在陆地上，它们过得非常惬意。慢慢地，它们都乐不思蜀，不再愿意回到水中去了。

大约 3.77 亿年前发生了"第二次生物大灭绝事件"——泥盆纪晚期物种大灭绝。在那次大灾难中，大约有 82% 的海洋物种，永远地离开了地球。或许正是因为提塔利克鱼之前就移居到内陆水域，后又总待在陆地上，所以逃过了这次大灾难。

引起这次大灾难的一个主要原因，就是海洋中出现了严重的食物短缺，从而导致大量的海洋生物死亡。

而在陆地上，因为食物并没有遭到这么严重的破坏，很多能登上陆地的生物都活了下来。

如果提塔利克鱼不是有了这些自我改变，能够登陆上岸，可能也会在那次大灾难中灭绝。

可见，自我改变是多么重要的事情，在关键时刻，真能够拯救自己的性命！

每个人都有很多的不足，都需要不断地去改变自己。

当然，如果不是向好的方向改变，那也可能会送掉性命。

不过提塔利克鱼的自我改变，以及所有生物进化中的每一次改变，都得依靠基因突变进行。

古生物学家利用化石来研究提塔利克鱼的身体构造，发现它们可能是最早接近四足动物的动物，并可能是最早从水域登陆上岸，以鳍当脚爬行的两栖动物，它们应是一切两栖动物的祖先。

三个孩子听到这儿，同样感到非常惊奇！原来人类的祖先还可能经历了这样一段时期。他们看着银幕上显示的提塔利克鱼的图片，脑子里全是对这种鱼的想象。

提塔利克鱼

　　章树叶在想：自己也有不少的缺点，比如拖延症、躁动症、恐惧症等。

　　他脑海里浮现出这样一番景象，他把自己的这些缺点都改正了，变得细心做事，不骄不躁，并敢于克服所有的困难。慢慢地，他成了一个非常有素质的人，走到哪儿都很受欢迎，大家都愿意与他交朋友。

5

终于离开水域，
成为陆地生物

提塔利克鱼又有哪些进化呢？

虽然那时的提塔利克鱼是两栖动物，但它们已被陆地上那美味的昆虫所吸引，白天几乎都待在陆地上。

在丰富的食物的滋养下，它们的体形慢慢变大，身体结构也不断地变化，四足逐渐成形，皮肤也越变越厚。

大约经历了1500万年的进化后，它们基本能够适应陆地生活了。

这种可能是人类祖先的动物，大约在3.6亿年前，有了一个新名字——鱼石螈。

或许是在某个春意盎然的日子，陆地上到处都是昆虫。鱼石螈抵挡不住美食的诱惑，它们当中的绝大部分都呼啦啦地跑上了岸。后来，它们彻彻底底地离开了海洋、湖泊和河流，去完完全全做陆地上的动物了。只有繁殖后代时，它们才回到水中产卵。

它们做出这样的抉择，其实很不容易，毕竟它们的祖辈在水中生活了几亿年。为了改变命运，它们下定决心，要去陆地上开

创未来。

现在我们见到水，都有一种很亲切的感觉，这可能与我们的祖先曾长期生活在水中有关系。

鱼石螈登陆上岸后，许多其他物种也跟着上岸了。渐渐地，陆地上的动物多了起来。

好在陆地上有足够的食物，大家都能够吃饱。

在良好的条件下，各类动物都得到了快速发展。没过多少年，陆地上便出现了多姿多彩的动物世界。

奇怪的是，在这一期间登陆的动物中，还有一些在若干年后，又重新返回到海洋中生活，其中就包括鱼龙、鲸鱼和海豚的祖先。

鱼石螈的这次登陆，在动物进化史上具有里程碑式的意义，使动物进化迈向了一个全新的阶段。

但是，鱼石螈却为此付出了惨痛代价。因为这个时候，它们的皮肤还有些水嫩，难以经受太阳暴晒。它们的脚掌也不够厚实，难以经受长时间的地表摩擦。

而且陆地上一年四季的气候，要比在水中的感受更加明显，冬季更冷，夏季更热。它们备受煎熬，经受着严峻的考验。

虽然遇到了这样的大困难，但它们的意志仍然没有动摇。它们勇往直前，并一点点地去改变自己。

又过了很多年，在自然选择中，它们的身体再次发生了很大的改变。它们的皮肤越来越粗糙，脚掌也越来越厚实。从此，它

们不再惧怕太阳暴晒，以及地表的长期摩擦。

它们的四足也变得更加强壮有力，还长出了足爪和坚硬的指甲，抓握力也变得更强了。

有了这些改变，它们才算是真正适应了陆地上的生活。

生物学家对发掘出的化石进行研究后发现，鱼石螈可能是最早彻底离开水域的真正意义上的陆地四足爬行动物，它们应是一切陆地四足动物的祖先。

而爬行动物又分为三种，一类是真爬行类动物，它们可能是恐龙和鸟类的祖先；另一类是似哺乳类爬行动物，它们可能是所有哺乳动物和人类的祖先；还有一类是由真爬行动物进化而来的副爬行动物，它们可能是龟和鳖类的祖先。

三个孩子听到这儿，终于知道人类的祖先可能是在那个时间，以那样的方式彻底离开水域，登陆上岸的。他们也由此明白了一个道理，做一件正确的事就不要惧怕艰难困苦，只要坚持到底，就能获得最后的胜利。

鱼石螈

　　夏语在想：对于学生来说，什么才是最正确的事呢？她觉得好好学习就是最正确的事情。她决定以后要更加努力地学习，要学到更多的知识。她的理想是长大以后当一名有作为的老师，为国家培养出一大批优秀的人才。

为了生存由大变小， 并从陆地转移到树上生活

怪博士看了看面前的水果，拿起一颗樱桃吃了起来。

樱桃好像有种魔力，让他的眼睛不断变大。当他的眼睛睁得像铜铃一样后，他深深地吸了一口气，然后一切又恢复了正常。

看到怪博士吃樱桃的夸张的样子，三个孩子差点笑出声来。他们也各自拿了一颗樱桃放到嘴里，樱桃那酸酸甜甜的味道，瞬间滋润了他们的心田。

怪博士吃完樱桃，精神似乎更饱满了，兴致盎然地继续讲后面的课程。

鱼石螈又有哪些进化呢？ 鱼石螈登上陆地后，经过很长一段时间的演变，进化成了始祖单弓兽。它们可以自由地在陆地和蕨类丛林间生活，日子过得相当滋润。它们的种群数量越来越多，到处都是它们欢快的身影。

但是，陆地动物多起来后，原来丰富的食物也就变少了。而且陆地上的昆虫营养丰富多样，很容易使一些动物的体形变大。那些体形变庞大的动物，每天都要消耗更多的食物。于是陆地上

的食物抢夺战，也变得激烈起来。

又过了很多年，其中一些大型动物的牙齿变得越来越锋利，比如异齿龙和丽齿兽等。尤其是丽齿兽，它们开始吃一些其他动物。在这个时期，它们的发展最快，种群数量十分庞大，成了当时陆地上的霸主。

从此，陆地上弱肉强食的时代也开始了。而且在陆地上，这一竞争法则甚至比海洋中演绎得还要惨烈，血腥的杀戮随处可见，到处弥漫着浓烈的血腥气。在那个无比残酷的竞争环境中，始祖单弓兽想要生存下去，只有一条路可走，那就是继续改变自己。

在自然选择中，它们的头部又在发生新的变化，竟然长出了更为强健的下颌，咬肌也变得更加发达。有了这些改变，它们也威猛起来。从此，它们变成了一种新的生物。

尽管它们已经很强悍，但与同时代的丽齿兽相比，还是小巫见大巫，有着很大的差距。它们依然没有安全可言，经常被那些强敌追得四处逃命。它们只能在夹缝中生存，艰难度日。

雪上加霜的是，它们后来还赶上地球的新一轮板块运动。之前那些分离出去的大陆板块在海洋上漂移了几亿年后，重新合拢，形成了一个新的超级大陆，即盘古大陆。

这次板块运动异常剧烈，由此引发了一系列大灾难。先是出现了大面积的火山持续爆发，有毒气体弥漫天空，海水不断酸化，海洋生物大量消亡。

后来，火山爆发产生的大量尘埃遮天蔽日，久久不能散去。地球上经历了一次长达几十万年的漫漫黑夜。没有阳光，植物无法生长，昆虫大量灭绝，绝大多数的动物在饥饿中失去生命。

这是地球生物有史以来遭受的最大一次灾难，即大约发生在2.5亿年前的"第三次生物大灭绝事件"——二叠纪末生物大灭绝。这次事件造成了超过90%的海洋生物物种和大约75%的陆地生物物种灭绝。

在这次漫长的大灾难后期，那些由始祖单弓兽演变出来的新物种，又发生了新变化。它们的牙齿变得有些怪异，相貌也有些凶猛了。这种可能是人类祖先的动物，大约在2.4亿年前，有了一个新名字——三尖叉齿兽。

但是后来，三尖叉齿兽的生存状况也极其糟糕。它们既要躲避强敌，又要躲避天灾。在漫长的岁月中，为了生存，它们只能不断地改变自己。

在自然选择中，它们的身体越变越小。慢慢地，只有小狗那么大了。由于体形变小，它们的食量也随之减少，并进化出了盲肠，竟然成了杂食类动物，也可以吃一些植物了。

植物寻找起来更容易一些。而且由于食量变小，它们觅食的时间也随之减少，有更多的时间去躲避强敌与天灾。

随着食量的不断减少，它们的模样继续改变，竟然长出了胡须和毛发。如果它们走到河边照一下自己，可能会被自己那古怪

的样子吓得掉进河里。

它们逐渐失去了威力，为了安全，只能从地面转移到树上生活。待在树上生活，很容易掉下来，所以它们睡觉时，都会紧紧地抱着树干。人类总喜欢抱着东西睡觉，可能就是这个时候养成的习惯。

而且人类经常梦到自己从高空中掉下来，这可能与身体缺钙有关系，也可能与那个时候总从树上掉下来的记忆有关系。

但无论生活有多么困难，都要好好地活下去。只要活着，一切都会有希望。

古生物学家发现的化石证据表明，三尖叉齿兽可能是最早向卵生哺乳动物演变的关键过渡物种，并进化出横膈膜，它们的呼吸功能大大增强，它们应是一切胎生哺乳动物过渡时期的直系祖先。

在第三次生物大灭绝中活下来的，还有恐龙的祖先。随后，恐龙的祖先就要登场了。

三个孩子听到这儿，都惊讶不已，原来人类的祖先还可能经历了那样一段由大变小，由地面转移到树上的生活过程。他们听到恐龙的祖先也要登场，都非常激动。因为他们都特别喜欢恐龙，很想知道恐龙的起源。

三尖叉齿兽

人物冒泡

云飞扬在想：恐龙是怎么诞生的呢？

他脑海里浮现出这样一番景象，他装了一篮子鸭蛋，然后对着鸭蛋吹了一口气，再用一块红布盖上。一个月后，他掀开红布，篮子里面的鸭蛋，竟然全部孵化出了小恐龙。

他和夏语、章树叶一起，天天开心地赶着那些小恐龙，去野外寻找食物。

7

再度变小，又从树上转移到洞中生活，成为夜行动物

恐龙的祖先可能是一种叫"始盗龙"的恐龙。它们诞生后，很快就适应了灾后的新环境，种群数量日益壮大。

不可思议的是，它们还进化出了很多不同的种类，有的牙齿锋利如刀，有的体形特别巨大，有的长出羽毛，能在天空滑翔。从此，地球变成了恐龙的世界，到处都是它们的身影，它们成了新的地球霸主。

在恐龙成为霸主的时代，生物界的弱肉强食法则演绎得淋漓尽致。那些凶残的食肉恐龙，成天红着眼睛到处寻找猎物。凡是被它们遇见的猎物，都在劫难逃。

三尖叉齿兽这样体形较小的生物，在那个极其恐怖的时代想要活下去，只有一个办法，那就是在自然选择中，不断地去改变自己。

它们的身体越变越小，结果竟然进化得如鼩（qú）鼱（jīng）一样小。

这种可能是人类祖先的生物，大约在 1.6 亿年前，又有了一个新名字——中华侏罗兽。

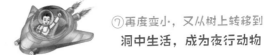
由于生存空间不断地被挤压，导致中华侏罗兽的种群数量越来越少。它们即便待在树上，也毫无安全可言。任何一种比它们大的动物，都能将它们当点心吃掉。

为了活命，它们不得不从树上跑下来，躲到洞穴中生活。

虽然待在洞穴里面要安全许多，但那里面又黑又暗，又闷又潮，它们过得很不舒服。

况且洞穴中也有危险，它们常常会遇到蛇类等杀手。如果在洞穴里遭到攻击，由于空间太小，它们往往无法逃脱。

它们总是担惊受怕，长期处于高度紧张的状态。它们的肌肉越绷越紧，结果导致体毛的根部永久竖立了起来。

这种意想不到的改变，似乎让它们获得了一些安全感，不再那么恐惧了。体毛竖立后，还能起到更好的保暖作用。

现在我们感到寒冷和恐惧时，都会起一身鸡皮疙瘩，还会汗毛倒竖，这些都可能是人类的祖先在那段漫长的恐怖岁月中，经历了太多的苦难和危险，肌体内留存了太多的惊悚记忆导致的。

为了适应当时的环境，它们只能继续改变自己。在自然选择中，它们的额骨开始往后拓展，最终形成了一种非常独特的骨形。它们的鼻子也变得敏感，能够嗅出很多种类的气味。

而且它们还进化出了生物界一种最为神奇的器官，那就是"新脑皮质器官"。

这种新器官成长到一定阶段后，便能产生记忆力、想象力和

诸多的能力。就是这个器官的出现，才让它们一步步地朝着智慧的道路迈进。

当然，那时它们可没有这样的意识，还处于原始状态。它们的想法非常简单，就是如何在这样的恶劣环境中生存下去。

它们的个头那么小，白天只能躲在洞穴中，只有晚上才敢出来觅食。

幸好它们的食量已经变得非常小，只要夜晚出来觅食就够了。

从此它们成了夜行动物，每天晚上与月亮和星星为伴。

或许它们也会苦中作乐，觉得那样的日子还挺浪漫的，可以时不时地看到流星划过，甚至会遇见漫天飞射的流星雨。

即便没有流星雨划过，但走在那样宁静的月光之下，听着山风吹过森林，昆虫在漫山遍野鸣叫，也是一件很惬意的事情。

由于长期在夜间觅食，它们的夜视能力变强，即便在漆黑的夜晚，也能看清很多东西。

现在人类还有一定的夜视能力，可能就是在那个时候锻炼出来的。

所以生活经历是多么宝贵，尽管有些经历在当时来说，未必那么美好，甚至会让人失去很多东西，但同时也会让人获得很多东西。可能最终获得的东西，要比失去的东西多很多。

有很多的好事，后来变成了坏事。也有很多的坏事，后来变成好事。当时的中华侏罗兽，就是在这样的境遇中，发生了一次

重大的基因突变。在自然选择中，它们无比神奇地进化成了胎生哺乳动物。从此，它们开启了胎生哺乳动物时代。

胎生孕育方式有很多的好处，比如小宝宝是在母亲体内生长，能在孕期得到保护。不会像卵生那样，母亲将蛋生出来后，就丢在某处听天由命，蛋很容易被天敌吃掉。

而且胎生婴儿是由母亲哺乳喂养的，因此母亲总待在婴儿的身边。婴儿时时刻刻得到照顾，所以活下来的概率就更高了。

它们的祖先，还是卵生哺乳动物时就进化出了乳腺。有了丰富的奶水，它们的后代得到较快的发展。

在之后的几千万年间，它们以这种孕育方式，先后进化出了大大小小4000多个新物种，其中一个就是我们人类。

人类或许也要感谢恐龙，正是它们的威逼，才让我们来到了这个世界。

而且，也正是由于三尖叉齿兽和中华侏罗兽的身体不断变小，最终中华侏罗兽躲进了洞穴，才让它们在那段危机重重的漫长岁月里，先后躲过了两次大灾难。一次是发生在大约2亿年前的"第四次生物大灭绝事件"。还有一次是发生在大约6600万年前的"第五次生物大灭绝事件"。这两次大灾难，都有75%左右的生物物种，永远地离开了地球。

恐龙就是在第五次生物大灭绝中全部消亡的，从此结束了它们对地球长达1.6亿年的统治。

好在有一种恐龙的后代活了下来。它们后来进化出了今天所有的鸟类。

但生活在洞穴里的中华侏罗兽靠吃植物根须也活了下来。

其实在那段时间里，由于地球环境遭到了毁灭性破坏，中华侏罗兽的后代也一度面临严重的饥荒问题。正当它们饿得晕头转向、眼冒金星、全身无力时，却突然出现了大批的昆虫。它们便以昆虫为食。可以说，是那些昆虫在那个关键时刻救了它们的命。

经历长时间的进化后，中华侏罗兽变得与以前大不一样，它们的生命力似乎更强大了，也很快适应了新环境。

古生物学家对化石进行研究后发现，中华侏罗兽可能是最早的胎生哺乳动物，它们应是一切哺乳动物的祖先。

三个孩子听到这里，都对那些救了人类祖先的昆虫，充满了感激之情。

中华诛罗兽

人物冒泡

　　云飞扬脑海里浮现出这样一番景象：他带着很多食品去外面喂给昆虫吃。结果他走到哪儿，便有很多的昆虫跟到哪儿。后来，围着他的昆虫越来越多，几乎把他包围了起来。从此以后，他成了与昆虫最亲密的人。他上课的时候，有很多的昆虫围着他飞。他走路的时候，也有很多昆虫围着他飞。就连他睡觉的时候，还是有很多的昆虫围着他飞。

　　只要看到哪儿有很多的昆虫，就知道他在哪儿。

8

成为灵长类动物，走出洞穴再度转移到树上生活

在这场大灾难后，中华侏罗兽又有哪些演变呢？

这时，天空重新变蓝，大气中的有毒气体渐渐散尽，气候又开始暖和宜人，陆地上的植物也重新生长出来。而且水也变得更加干净，臭氧层也得到了很好的恢复，一切慢慢回到了原来最好的样子。

大自然的胸怀，总是那么宽广博大，从来不去计较得失。无论经历了多大的灾难，只要给它一些时间，它就会自我修复到最好的状态。

这一点非常值得人类去学习。有些人小肚鸡肠，总爱计较个人得失。其实根本没那个必要，因为一切的得失，都可能发生变化。塞翁失马，焉知非福。过去的东西就让它过去，我们要以最好的精神面貌，去迎接未来。

地球环境有了好转，中华侏罗兽的日子也跟着好了起来。有了丰富的食物，它们的种群快速发展。这也得益于它们的胎生方式，它们一年生好几胎，一胎生好几个宝宝。很快，它们就占据了数量上的优势。

在这段美好的时光中，所有的胎生哺乳动物都得到了空前发展，所以这个时期也被称为"胎生哺乳动物时代"。

不过即便凶猛的恐龙早已消亡，但它们还只是地球上最普通的一员，并没有成为新的地球霸主。没有了天敌，它们纷纷离开洞穴，重新回到树上生活了。

这时的树木早已进化出了花和果子，又形成了大片的原始森林。它们生活在这样的森林当中，过得非常自在和快乐。

这样的幸福生活，大约持续了1000万年。在丰富的食物滋养下，它们的皮毛变得又光又亮。它们的身体构造，也在发生新的变化，以前那暴凸在外的眼球，不仅下沉到眼窝当中，还具有了良好的立体聚焦视觉能力。四肢也开始变得修长，后脚跟骨也变得又短又宽，逐渐有了一些猴类特征。

不过这些变化还不算什么，接下来的一个变化，将彻底改变它们的命运。又过了一段时间，它们还进化出大脑中的新脑皮，开始有了一定的思维能力！它们由此变得与众不同，开始有了智慧，可以思考一些简单的问题，并一点点地与其他动物拉开距离。

这是生物进化史上又一次具有划时代意义的大迈进。慢慢地，它们的相貌也在发生重大改变，开始向猴类转变。这种可能是人类祖先的动物，大约在5500万年前，又有了一个新名字——阿喀琉斯基猴。从此，它们开启了灵长类、猴类时代。

古生物学家对化石进行研究后发现，阿喀琉斯基猴可能是最早出现的灵长类生物，它们应是一切灵长类生物的祖先。

听到这儿，云飞扬突然想到一个问题，见怪博士停顿下来，于是问道："唐爷爷，恐龙灭绝后，陆地上的真正霸主是什么动物呢？"

怪博士答道："在恐龙灭绝的同时，陆地上所有的大型动物都灭绝了。当时幸存下来的动物，都是一些体形较小的动物。所以在那段时期，陆地上并没有真正的霸主。但随着时间的推移，有些动物的体形开始不断地变大，后来又出现了一些凶猛的大型动物，比如恐怖鸟。这种动物差不多算是当时的陆地霸主。这个时段还有一种叫巴基鲸的陆地动物重返海洋，成为鲸鱼的祖先。"

阿喀琉斯基猴

人物冒泡

云飞扬想：原来鲸鱼的祖先，可能是从陆地重返海洋的巴基鲸呀！如果人类的祖先也重返海洋，会进化成什么生物呢？他觉得应该是美人鱼！

他脑海里浮现出这样一番景象：海洋里出现了很多美人鱼。美人鱼成群结队地游动。它们还有自己的语言，能发出很多动听的声音。它们还会与人类对视，就像是以这种方式与人类交流一样。

开始向古猿转化，
逐渐接近人的模样

阿喀琉斯基猴又有哪些进化呢？

自从进化成猴类后，它们的体形不断变化，在之后的几百万年间，它们的体形变大了好几倍，已从小型动物演变成中等体形的动物了。

随着体形的增长，它们的身体也在发生变化。它们的尾巴慢慢变短，直到看不见。今天人类还有一点尾骨，可能是最后的剩余部分。它们的前肢逐渐变长，这样就更方便采摘树上的果实。

但是，美好的日子并不是永久不变的，世界上唯一不变的事情就是变化。地球安定了很长一段时期后，又开始动荡起来。

大约在5500万年前，盘古大陆分裂，进入第三阶段。那时的北美洲和格陵兰岛从欧洲板块中撕裂断开，然后向海上漂移，形成一个独立的板块和一个大岛屿。

同时印度洋板块与欧亚板块，以一种不可阻挡的力量进行猛烈碰撞，从而在中国的土地上，挤压出无比壮阔的青藏高原，和一条全长大约2450千米的喜马拉雅山脉。世界上最高的山峰，几乎

都集中在这条山脉上。

这次地球板块运动，大约持续了1000万年。

在这段时间，地震频繁、火山持续爆发，气候变得捉摸不定，有时会出现连年的干旱，有时又会长年暴雨。这种极不稳定的气候变化，严重影响了植物的生长。尤其是在连年干旱时期，森林大片退化，有时变得零零落落，成了东一小块西一小块。

森林的大量减少，直接导致阿喀琉斯基猴的食物减少。它们现在的体形已经很大了，没有足够的食物，日子就非常煎熬。它们的种群数量也在不断减少。

又过了很多年，地球终于迎来了一段平静期，万物得到复苏，森林又连成了一片。

阿喀琉斯基猴再次迎来了一段好时光，它们抓住机会，迅速地发展种群数量。在自然选择中，它们的身体又在变化，竟然神奇地进化成了最早的古猿类。这种可能是人类祖先的动物，大约在4500万年前又有了一个新名字——中华曙猿。但中华曙猿是类人猿亚目，它们还有长长的尾巴，不能算真正的猿类。

那时的中华曙猿发展很快，种群数量越来越多，慢慢遍布了亚非大陆。那时的非洲还没有与亚洲断开。那儿有着广袤的热带雨林，食物特别丰富，很多动物都聚集在那里。

中华曙猿的后代也千里迢迢地来到那儿，与那儿的其他生物共同生活在一起。

又过了很长的时间，它们的身体再次发生变化，胸廓变得宽而扁，前肢变得和后肢一样长，腰骶骨变得又厚又大，骶骨数量也在增多，髋骨也变得更宽了。它们的内脏位置也发生了改变，从而为直立行走创造了条件。这种可能是人类祖先的动物，在2300万年~1000万年前，又有了一个新名字——森林古猿。它们的体貌特征开始接近人类模样。它们的身体构造，也与人类非常相近。

从此，它们开启了真正的猿类时代。

但是，它们还是四足行走动物，还不能算古人类。再往后，它们又进化出了若干支后代，其中的一支，才是最早的古人类。

古生物学家对化石进行研究后发现，中华曙猿可能是最早出现的类人猿，而森林古猿可能是最早接近人类模样和身体构造的古猿类，它们都应是人类的祖先。

三个孩子听到这儿，都非常惊讶，原来人类还真可能是从古猿类进化而来的！

森林古猿

人物冒泡

夏语想：如果站在那条正处于板块运动中的喜马拉雅山脉上，会有什么感受呢？

她脑海里浮现出这样一番景象：她被那儿的板块运动震得像皮球一样不停地跳动，跳着跳着竟然呼的一下，跳到珠穆朗玛峰上了。她觉得自己攀登珠穆朗玛峰真容易，根本没花什么力气。

只是结果有点惨，她还没在珠穆朗玛峰上站稳，就又被震得滚了下来，还摔得鼻青脸肿，啃了一嘴的泥。

基本形成人的模样，
开始直立行走

森林古猿又有哪些进化呢？

在经历了一段漫长的岁月后，森林古猿的四肢变得更加修长，还长出了健硕的肌肉，体形增大了许多，种群数量也变多了。

它们的基因又发生了变异，在后来的进化中，衍生出了许多的其他古猿，如后来的南方古猿等。它们的身体构造和体貌特征，更加接近人类的模样。

可这段美好时光戛然而止。因为地球上再次发生了局部的板块运动。

那时非洲被一股无比巨大的地核能量一点点地撕裂，最终形成了一条地球上最长的裂谷，即"东非大裂谷"，全长大约 6500 千米（在非洲大陆长约 4000 千米）。

在这条大裂谷的边上，还隆起了一条绵长而高大的山脉。这条山脉成了一道不可逾越的屏障，硬生生地将从东面印度洋上吹来的雨水，阻隔在非洲之外。

从此，非洲大地上的生态环境被彻底改变了。

以前，由于有印度洋上吹来的雨水，纵然这片广袤的大地经常发生干旱，但也会不断得到修复。

现在没有了雨水，这儿的环境持续恶化，气候越来越干燥，森林退化，很多地方都成了荒漠。

发生了这么大的变化，森林古猿的生活再度陷入危机。它们已经很难获得食物了，只能饥一顿饱一顿地艰难度日。

更为可怕的是，那时的非洲出现了一种体形非常庞大的狮子，它们的体重大约有 1500 千克。这种大狮子异常凶猛，要比现在的狮子厉害很多。

在那个食物短缺的时代，这些大狮子同样饿得晕头转向，成天拖着瘪瘪的大肚子，四处寻找食物。像森林古猿这样中等大的动物，正是它们最喜欢的猎物。如果遇见了森林古猿，它们就会流着口水猛扑上去。

森林古猿当然不是大狮子的对手，它们总是被大狮子追得四处逃命。好在它们能够爬树，而大狮子却做不到这一点。

由于森林连年减少，很多森林古猿在最紧要关头，都因找不到避险的地方被大狮子吃掉了。

森林古猿的种群数量不断减少。而且它们也不能一直待在一棵树上，吃完一棵树上的果子后，为了填饱肚子，它们就不得不从那棵树上爬下来，再去远方的林子寻找食物。

由于森林不断减少，它们从一片林子跑到另一片林子，中间

需要经过很长一段空地。而走在这段空地上，往往是它们最危险的时候。一旦遭遇大狮子，它们在劫难逃。很多同伴就消失在这样的地带上。

在这种恐怖的环境中，它们想要活下去，很需要智慧。

于是它们开动脑筋，不断地去想这个问题。终于有一天，它们想出了一个好办法。以后它们每次去远方寻找食物之前，都会先站立起来，仔细地观察周围的情况。这个方法很管用，让它们避免了很多的危险。

慢慢地，这种行为竟然成了它们的习惯，还无形中锻炼出了一种新能力：它们可以站立很长的时间。

后来，它们去较近的地方寻找食物时，干脆站立起来走着去。

它们还发现，这种行走方式有很多好处，既容易找到食物，又方便躲避危险。

尽管这种站立行走的方式，刚开始让它们有些难受，但为了活命，它们不得不坚持下去。

渐渐地，它们适应了这种行走方式，可以越走越久，越走越远。

再后来，它们甚至还可以这样奔跑一段路程。

由于直立行走，它们腾出了一双"前足"，可以更加方便快捷地采摘果实。人类的"双手"，可能就是这样被解放出来的。

有了双手，就更加不同了。它们从此能够获得更多的食物，还能捕获其他猎物。

于是，它们的食物丰富起来，它们的体形又在增大，身高大约有 1 米，体重大约有 50 千克。

它们的外形也在改变，前额开始凸起，脑容量增加，还出现了现代人的轮廓。从此，它们不再是四足行走动物，进化成了可以直立行走的古人类！

这种可能是人类祖先的动物，大约在 700 万年前有了一个新名字——乍得人。

也是从那个时段开始，人类的祖先在经历了几十亿年的进化进程后，第一次有了"人"这个称谓。这个称谓的出现，也表明人类的祖先正式以人类的面貌登场，开启了古人类时代。

乍得人是迄今发现的最古老的人类始祖之一。他们还可能是人类和黑猩猩的共同祖先，大约在 500 万年前，人类才和黑猩猩分离。

但是，由于考古发现的乍得人的骨骼较少，尤其是没有找到他们的颅后骨，所以还不能完整地对他们进行科学推断。后来考古学家又在非洲大地上发现了另一些古人类骨骼，他们就是生活在大约 440 万年前的"拉密达猿人"，又称"始祖地猿"。拉密达猿人的体貌特征，更加接近现代人的模样。

人类自从站立起来行走后，也产生了一系列的大麻烦。这种行走方式会导致人类的臀部变窄，骨盆变短，所以女性在分娩时，要想将发育完好的婴儿分娩出来，就变得异常艰难了。

　　然而人类的进化，也和大自然一样具有协调性，每当一处发生了改变，另外一些地方也会随之发生相应的改变。于是在自然选择中，女性孕育婴儿的时间开始变短，会将没有完全发育好的婴儿，提前生出来。

　　尽管女性通过这样的方式，解决了这个大难题，但女性在分娩时，仍然会极其疼痛。

　　以这种孕育方式分娩出来的婴儿都非常稚嫩，根本没有独立生存能力，需要母亲数年的喂养与照料才能活下去。

　　所以我们都要对母亲好一些，要感谢她为养育我们所付出的巨大艰辛。

　　直到今天，婴儿想要站立起来行走，也都需要经历很长一段时间的学习才能做到。人类的行走方式，并不是天生就会的。

　　古人类学家判断，拉密达猿人更加接近现代人的特征，基本可以确定它们是现代人的祖先。

　　原来人类学会直立行走，经历了这样的磨难。三个孩子听到这儿，感慨万千。

拉密达猿人

章树叶想：如果遇到那样的大狮子，是一件多么可怕的事情！

他脑海里浮现出这样一番景象：他回到了那个远古时代，而且遇到了一只大狮子。他吓得赶紧爬到一棵大树上，抱着大树瑟瑟发抖。由于他抖得太厉害，竟然把那棵大树上的叶子都震落了。

可是那只大狮子守在树下就是不走，他与大狮子就这样僵持了三天三夜，整个人都饿瘦了不少。

好在那只大狮子也饿得晕头转向，坚持不下去，只好无奈地先离开了。他长长地舒了一口气，算是捡回了一条命！

学会使用工具，
开启人类智慧道路

拉密达猿人又有哪些进化呢？

在拉密达猿人时代，非洲的气候变得更加糟糕。雨水越来越少，荒漠越来越多，拉密达猿人想要填饱肚子，变得十分困难。

那些饥肠辘辘的大狮子也变得更加凶残。它们见到猎物，单是那充满血丝的凶狠眼神，都可能把对方吓死。

那个时期的拉密达猿人，总是拖着一副疲惫的身躯，四处寻找食物。由于食物的缺乏和天敌的攻击，他们的种群数量不断地减少。

在这样的恶劣环境下，为了生存，只能继续去改变自己。在自然选择中，他们的咬肌渐渐变弱。

又经历了无数代的进化，他们的脑容量越来越大。

人类的大脑与其他动物的大脑相比，有着很大的不同。一旦得到很好的开发，就能创造出无比多的奇迹。

拉密达猿人有了这些新变化，开始产生了一些自我意识，思考能力也有了提升。

又经过漫长岁月的进化，它们的这些能力不断提高，并开始运用自己的智慧去一点点改变命运。

大约在250万年前，人类的祖先又有了一个新名字——能人，即手巧的人。从此，它们开启了真正的古人类时代。

或许出现过那样一个场景：有个能人在寻找猎物时，偶然被一块破裂的石头割破了手。他望着这块石头思考起来：为什么这块石头与别的石头不同，能够割破自己的手呢？

他带着这个疑问，再次用手去触摸那块石头，发现它的破裂面，非常锋利。

他又拿起那块石头掂了掂，发现它不轻不重，操作起来得心应手。于是他想，既然这块石头可以割破自己的皮肤，那也应该可以割破别的动物的皮肤。想到这儿，他准备做个试验。

他带着这块石头继续去寻找猎物。他非常幸运，没走多远，就遇见了几只羊。他知道自己一个人去追击那几只羊，肯定是徒劳无功的。于是他选择了伏击，悄悄地隐藏在一处草丛中，耐心地等着那几只羊靠近。

他等呀等，终于有一只羊向他走来。就在那只羊靠近他的那一刻，他奋力跃起，将那只羊扑倒在地。他用手中的石头猛砸那只羊，很快将那只羊杀死了。

他又用手中的石头去割羊的皮肤。很快，羊皮也被割开了，可以吃羊肉了。

他的试验成功了。有了这块石头的帮助，他捕获猎物、割开猎物皮肤就容易多了。

今天的我们，可能会认为这样的场面非常残忍。但在动物世界中，这就是生存法则。我们人类的祖先，就是在这样的自然法则中生存下来的。

从此，这位能人一直把这块石头带在身边。

但是，这块石头用了几回后，锋利面被磨圆，不再好用了。他又思考起来，为什么这块石头不好用了呢？

于是他继续做试验。他找来一块差不多大的石头，将它砸成两块。他发现，有块破裂的新石块非常锋利。

后来，他不断用这样的方法制造一些锋利的石块带在身边。

他的这个行为很快就被同伴们发现了，大家纷纷效仿。慢慢地，大家都学会制造和使用工具了。

工具的创造与使用，可能就是以这样的方式展开的。这件事情的出现，意义非常重大。它使人类的发展，再次向前迈出了重要一步，是古人类迈向现代人类的一个关键转折点。人类开始运用工具，去一点点地改变这个世界。

当然，那时的能人并没有意识到这一点。他们制作和使用工具，只是单纯地为了帮助自己捕获更多的猎物。

后来他们在使用那些工具时，不断得到启发，创造出了许多的其他工具，如石锥、石锤、石斧、石刀、石铲等。

再后来，他们还灵光闪现，学会了利用动物的骨头和木材制作更多的工具。

而且用这些新的材质制作出的工具，不仅越来越好用，还越来越精美。

从此，人类迈入石器时代。

石器时代分为两个部分，即旧石器时代和新石器时代。

人类制作的工具越来越先进，捕获的猎物越来越多。有了足够的食物，他们的身体得到很好的滋养，个头不断增高，体格也变得健壮。

古人类学家对化石进行研究后发现，能人可能是最早制造和使用工具的人种，他们是现代人类的祖先。

听到这里，三个孩子恍然大悟。我们现在能轻松自如地使用工具，研制各种更先进的工具，都得益于我们的能人祖先在约250万年前的不断摸索呀！

能人

云飞扬也想有个伟大的发明创造。他想研制一套装备。只要戴上这套装备的帽子，就能知晓无穷无尽的知识；只要戴上这套装备的眼镜，就能过目不忘；只要穿上这套装备的衣服，就能像火箭一样在空中飞行；只要穿上这套装备的鞋子，就能像汽车一样穿行在各种道路上。

可以远程快速奔跑，
建立早期族群模式

怪博士看了看面前的水果，又拿起一颗枇杷吃了起来。枇杷比樱桃还要酸，酸得他眼睛眯成一条细缝，脸上的肌肉也缩成一团。但瞬息之间，怪博士又眉目舒展，还满面笑容地说道："好吃！好吃！真好吃呀！"

看到怪博士吃枇杷的表情，三个孩子忍不住笑了。他们的馋虫也被怪博士带出来了，于是都拿了一颗枇杷吃了起来。

枇杷的口感非常好。大家吃了枇杷，眼睛都亮了许多。

吃完了枇杷，怪博士继续讲解能人的进化。

有了工具的帮助，能人的生活开始发生更大的改变。

以前，他们都是单独行动，像孤独的拾荒者，总是一个人去寻找食物和捕获猎物。但这样的行为，效率并不高。

有了工具后，他们发现大家联合起来，能捕获更多的猎物，有更多的肉吃。

于是他们开始自发地联合起来，组成了许多由几个到十几个

人不等的小团队。

大家联合起来后还有一个好处，那就是可以抵抗强大的天敌，有能力将它们赶跑。

从此以后，他们渐渐形成了集体观念，大家一起狩猎，一起分享食物，一起居住。

也就是从这个时候起，人类在自然界的生存地位，出现了反转，逐渐从延续了几百万年的一直处于担惊受怕状态的弱势群体，开始变得强大自信起来。他们现在敢去挑战剑齿虎和大狮子等强敌了，甚至敢去捕获猛犸象这样庞大的动物。

这时经常出现这样的场景，很多凶猛的动物竟然被人类追得四处逃命。

再后来，那些凶猛的动物，只要是见到成群的人类，就非常害怕。尤其害怕成群的人类使用工具的声音。那些声音，几乎成了它们的梦魇。只要听到那样的声音，它们就吓得毛骨悚然，赶紧逃命。

直至今天，仍然有非常之多的野生动物，包括那些凶猛的动物，只要是见到了成群的人类，或者听到人类使用工具的声音，都会吓得心惊胆战。由此可见，人类自从使用了工具以后，对动物界的震慑力达到了什么程度。

虽然人类越来越强大了，但若是单打独斗，仍然不是那些猛兽的对手。再加上人类的祖先在之前的岁月中，有着太多的可怕

经历，人类的心里，也留下了太多的阴影。因此，我们今天即便隔着安全玻璃，看到那些猛兽时，也会有强烈的恐惧感。

结果形成了一种十分奇怪的现象，凶猛的动物见到了人类，总是吓得要命；人类见到那些猛兽，也同样吓得要命。这真是搞不清到底是谁害怕谁了！

当然，一旦那些凶猛的动物发现只有少数人，而且还没有带工具，它们也会凶相毕露去攻击人类的。所以，人类还是要远离那些凶猛的动物，千万要避免这样的危险发生。

能人自从联合起来以后，还可以相互帮助和保护。于是慢慢地在他们当中，形成了一种新的群体关系，那就是以血脉亲人为基础，建立一个个小团体，形成了人类早期的族群模式。

不过，这种族群模式，不光有直系亲属，还有其他旁系亲属，同现在的家族模式有相似之处。这样的族群模式建立后，能起到更多的作用，比如可以共同照顾老人、抚养孩子等。

由于长期使用工具，能人的大拇指得到了很好的锻炼，变得更灵活、更有力量。

大拇指的这些变化，反过来也让人类在使用工具时，变得更加得心应手了。

这是一个相互促进的过程。现在我们的手在抓握东西时，为什么这样有力量？可能就是从那个时期逐渐地锻炼出来的。

能人在追击牛、羊等动物时，还锻炼出一身壮硕的肌肉，可以

快速奔跑。这样的运动促进了他们身体的改变，竟然由此进化出
了一身的汗腺，可以通过流汗散热。这是其他动物没有的功能。
随后，他们的颈部也在增长，这样在奔跑时，就不会晕头转向。慢
慢地，长跑成了他们的强项。

虽然短跑没有其他动物快，但他们能穷追不舍，连续跑十几
千米，甚至更远，很多猎物最终都逃脱不了他们的追捕。

有了这样的变化，大约在180万年前，人类的祖先又有了一
个新名字——直立人。

或许又出现了这样一个场景：在某个夜晚，天空中突然电闪
雷鸣。闪电击中了一棵大树，引发了大火。熊熊大火四处蔓延，
引燃了很大一片草原。

生活在附近岩洞中的直立人都感到非常害怕。他们不知道出
了什么事情，以前虽然也经常看到闪电，却从未见过这么大的火。

他们躲在岩洞中不敢出来，心里的恐惧达到了极点。就在这
时，他们突然闻到了一种从未有过的气味。这种气味似乎有一种
魔力，能够抓挠他们的心，让他们的口水不断地往外流。

很快，他们的脑海里都产生了一种强烈的想法，要去寻找这
种气味。可他们望着外面那熊熊火焰，谁也不敢离开岩洞。

但是，这种气味却越来越浓烈，越来越有诱惑力。他们的口
水就像是喷泉，不停地往外涌。他们费力地吞咽口水，可口水越
来越多，怎么也吞不干净。

他们被这种奇怪的现象吓得缩成一团，都不敢作声。

然而，这种气味就像幽灵一般，不断地挑动他们的神经，让他们无法抗拒。

他们终于忍耐不住，开始躁动起来。有很多人产生了一种可怕的念头，要冒死去一探究竟。

于是，他们的头领壮着胆子，选了几位年轻健壮的人，各自拿着防卫工具，十分谨慎地朝着那个散发气味的地方走去。

他们踏在被火烧过的焦土上，感觉到非常温暖。

他们继续前行，来到一处燃烧过的草丛中，发现那儿有一只被大火烧熟的羊。那种有魔力的气味，就是从这只羊身上散发出来的。

到了近处，这只羊身上的气味变得更加诱人了。那浓浓的香味，让他们再也无法抵抗。

他们感到非常奇怪，羊身上怎么会有这种气味呢？以前他们捕过不少羊，可从来没闻到过这种气味呀！他们百思不得其解。

不过，他们是了解羊的，知道羊肉可以吃。那位头领走到这只被烧熟的羊跟前，撕下了一大块肉。

他还发现，这只被烧熟的羊，肉质变得非常松软，根本不需要力气就能撕开一大块。他拿着这块熟肉先闻了闻，那香喷喷的气味，让他再也无法克制了。他张开大口猛咬了一口，顿时感到一股从未有过的美妙感觉迅速地流遍全身。

他禁不住嗷嗷地叫了两声，然后忙召唤同伴过来享用。

他的同伴早就忍耐不住了，他们胸前流淌的口水，都可以当镜子了。

现在见头领召唤他们，他们便一拥而上，每个人撕下一大块熟肉吃了起来。大家吃到如此喷香的熟肉，都禁不住嗷嗷地欢叫。

在火光的照耀下，他们的脸庞像是初升的太阳，闪烁着熠熠的光芒。

那位头领一边吃肉，一边在想，这些大火能给人类带来温暖，而且烧熟的肉这么好吃。于是他产生了一个念头，要把这些火种带回去。

大家饱餐一顿后，头领便开始分工，一些人将剩下的熟肉抬回岩洞，分给那些没有来的人享用。

另一些人同他去寻找干草和干树枝，准备把火种引回去。他们找来了很多的干草和干树枝，然后走到一处尚在燃烧的火跟前，点燃后就往岩洞里跑。

由于那个火堆距离岩洞还有一段路程，点燃的火种在中途就熄灭了。他们很纳闷，为什么这些火种会熄灭呢？

他们在一次次失败中发现了原因，原来干草很容易被烧掉，而干树枝上的火却又容易被风吹灭。

他们又开动脑筋，终于想出了一个更好的办法。他们将干树枝烧透后再带回到岩洞，然后再用干草将火复燃。

火种可能就是这样被他们成功地带到了岩洞。

真是功夫不负有心人，有志者事竟成。

火种到了岩洞后，大家不断地添加干柴。火种就这样在岩洞里面保存下来。

火的使用让人类的发展再次迈向了一个新阶段。从此，人类开启了用火时代。

直立人的生活也由此发生了重大改变。白天大家一起出去捕猎，回来后就一家人围着火堆烧烤食物，享受美食。到了晚上，又一家人聚在一起，烤火取暖，还相互挠痒痒。

这种其乐融融的生活，让他们之间不断地增进情感，从而形成了更加亲密、牢固的族群关系。

直立人分布很广，在中国出现的元谋猿人、蓝田猿人和北京猿人等都是直立人。

古人类学家认为，直立人是最早具有现代人行为特征的人种。他们应是现代人的祖先。

三个孩子听到这儿，终于知道了，原来可能是工具的使用促成了人类最早的族群模式。而火的使用，又可能让人类的族群关系变得更加亲密、牢固了。

夏语也想到了一个问题，见怪博士停顿下来，便问道："唐爷爷，元谋猿人、蓝田猿人和北京猿人，又是什么时候出现的呢？"

怪博士答道："古人类学家对化石进行研究后认为，元谋猿人大约在 170 万年前出现；蓝田猿人在距今 115 万～65 万年前出现；北京猿人在距今约 70 万～23 万年前出现。"

直立人又有哪些进化呢？

夏语脑海里浮现出这样一番景象，怪博士领着他们三人回到了远古时代。他们躲在一个隐秘的地方，看着那伙直立人在吃香喷喷的熟羊肉。怪博士的口水也不断地往外涌，他的胡须上都沾满了口水。

章树叶的口水也像泉水一样往外冒，他胸前的衣服都湿透了。

云飞扬不仅口水流了一地，而且鼻涕都流了出来，嘴巴还张得像要吃人一样。

她自己也流了不少的口水。虽然她用手捂住了嘴，但那些口水都从她的指缝中涌了出来。她都羞得不好意思见人了。

直立人

13
拥有了语言，
进行大迁徙

自从学会了使用火和食用熟食，直立人再次发生巨变。因为熟食更容易咀嚼，不像咀嚼生肉那样费力气。长此以往，直立人那强有力的智齿就开始不断地退化。

现在我们的智齿都退化到牙槽里去了，还有三分之一的人已经没有了智齿，可能在不久的将来，人类的智齿将彻底消失。

也由于熟食更容易消化，营养更容易吸收，直立人的脑容量再次迅速增大。在短短的几十万年间，大脑的体积大了近一倍。

直立人的皮肤也变得越来越光滑润泽，精神也更加饱满了。

而且熟食更容易吃饱，他们不像以前吃生食那样，需要每天吃个不停。他们的肚子也变得扁平，身材变得既健硕又苗条。

他们站立起来行走后，头部就直接压在脊椎的上面。头部里面的一些器官，也由此发生了一系列变化。他们那嗓子眼的地方，形成了一个更大的空腔。他们的舌头也在变形，并向下移至喉部，与喉头连接在一起。他们的口腔和嘴唇也变得更加灵活了。

当这些进化达到完美时，他们就可以发出很多不同的声音。

慢慢地，他们能够说出一些简单的语言，可以对一些事物进行简单的描述。不再像以前那样，无论遇到什么事情，都只会发出几种吼叫声。从此，他们开启了语言时代。

另外，工具的制造与使用，团队的分工与合作，都需要用语言去沟通，这也让语言得到了很好的发展。

随后，他们还学会了分享。比如我想把我知道的，以及我想去做的事情告诉你；你想把你知道的，以及你想去做的事情告诉我。直立人通过这样的交流，让语言不断地丰富起来。

今天我们的喉咙，可以发出400多种不同的音节，可能就是通过这样的训练，一点点拓展出来的。

再后来，语言还起到传播情感、凝聚力量、统一大家行为与意志的作用。

语言的形成同样经历了一个漫长的历程。直到今天，人也不是一生下来就会说话，都需要经过几年甚至几十年的教育与训练，才能具有一定的表达能力。

拥有了丰富的语言，人类的发展再次迈入一个全新的阶段。大约在30万年前，人类的祖先又有了一个新名字——智人，即有智慧的人。为了与其他人种进行区分，又可称为非洲智人。到了智人时代，他们已经变得口齿清晰，能说出很多美妙的句子了。

而且他们还能对一些较复杂的事物，进行较深层次的陈述。

他们之间的沟通，变得更加顺畅了，也进一步促进了彼此之

间的感情与信任。

他们的生活再次发生了很大的变化，开始组建更大的团队。团队越大，能捕到的猎物就越多。而且越多的人聚在一起，就会越有安全感。

那个时候的非洲，气候已经非常恶劣。连年的干旱，导致森林大面积退化。非洲的地势本来就很平坦，森林退化后，很多地方变得一马平川，并开始出现大片的沙漠。

在某个特别干旱的年份，有一支非洲智人将周围的食物都吃光了。他们的生活出现了严重危机，如果不走出现在的居住地，就可能饿死。

但是如果去远方，远方又会是什么样子呢？没有人能做出有说服力的判断。

大家都很担心，害怕远方的情况更糟糕。而且去远方，要经过一片辽阔的沙漠。那片沙漠中潜藏着什么危险，谁也无法预料，大家都不敢贸然前往。

为了这事，大家聚在一起讨论，结果总是争吵不休，每个人都有不同的意见。意见不统一，就无法组建一支去远方冒险的团队。

在这个生死攸关的时刻，或许又出现了这样一个场景：那支非洲智人的头领突然脑洞大开，竟然产生了一种幻想。在他的想象中，遥远的地方有个人间仙境。那儿红霞满天，没有黑夜，气候温和，雨水丰沛。到处都是连绵的山川和茂密的森林，森林里面

挂满了香甜可口的果实，一年四季都吃不完。而且那儿还有很多肥壮的猎物，并且没有危险的天敌。

他把这个想象中的景象，绘声绘色地讲给他的族人听。这可能是人类第一次讲故事，并且讲得非常动听。

他的族人都被他故事里的景象深深地吸引，相信真有那个无比美好的地方。

或许是那个故事讲得太好了，人类从此就爱上了听故事。于是，人类迈入"讲故事的时代"。

在后来的岁月中，人类涌现出了无数的精彩故事。到了今天，整个世界都成了故事的海洋。

可千万别小看讲故事的能量。一个好的故事，能够产生无穷的力量，能够改变很多人的观念，能够统一大家的思想。

非洲智人可能就是在这个美好的故事影响下，统一了意见，坚定了信念。于是在那位头领的带领下，他们组成了一支团队，大约在 10 万年前，开始去远方冒险，去寻找那个美好的地方。

他们穿过眼前那片辽阔的沙漠，经过几十天的跋涉，终于找到了一个有着很多食物的地方。

那儿是一片森林，虽然还有黑夜，但其他的一切都比以前的栖息地要好得多。他们便在那个新地方安顿了下来。有了丰富的食物滋养，生活又好了起来。过了一些年后，他们的种群数量又增加了许多。

虽然安了新家，但他们并没有忘掉那个美好的故事，还在一代代地说给后人听。

随着种群数量不断地增加，食物又出现了短缺。于是在那个美好的故事召唤下，他们当中一些人又组成一支团队，继续前行。

当他们再次找到一个好地方时，便住下来。但食物出现短缺后，他们还会以同样的模式，继续组建团队前行。

非洲智人可能就是通过这种不断重复的模式，逐渐向外扩散的。只是他们没有想到，在那个美好故事的召唤下，他们以这种模式，竟然完成了人类历史上一次规模最壮观、影响范围最广、持续时间最长的大迁徙，前后大约经历了9万年。

我们人类今天能遍布世界各地，可能就是通过非洲智人的这种大迁徙方式完成的。

在大迁徙途中，非洲智人的队伍中还出现了巫师。巫师带领他们崇拜了很多神灵，其中最主要的就是太阳神。

后来很多迁徙队伍都是迎着太阳升起的方向前进的。或许他们认为，太阳升起的地方，就是那个没有黑夜的地方。

也由于长期的行走，他们的身体再次发生了很大改变，男人变得更加健壮，女人变得更加修长。

他们还在迁徙途中发现了美，认识了色彩。于是他们经常把一些明亮的颜料涂抹在脸上，还在一些崖壁上画出动物的图像以及奇怪的符号。

他们还学会了制作精美的配饰，将一些兽骨和贝壳，制成挂件佩戴在身上。

他们到达欧洲时，正遇上异常寒冷的气候。他们走在冰雪覆盖的路上，双脚冻得冰凉。于是他们用兽皮做成了鞋子。鞋子可能就是这样被创造出来的。

他们走在凛冽的寒风中，身体被冻得瑟瑟发抖。于是他们用兽皮做成了衣服。衣服可能就是这样被创造出来的。

他们在沿海的迁徙中，还学会了用树木扎成木筏。船可能就是这样被创造出来的。

更为神奇的是，他们可能是用这种简陋的船，奇迹般地漂洋过海，到达了世界上很多的岛屿，其中就包括今天的日本和澳大利亚。

他们这样一次次地获得成功，信心也在不断地增强。

慢慢地，他们开始变得无所畏惧，敢于挑战一切危险。

在非洲智人的同时代，还出现了一些其他智人种，比如尼安德特人、丹尼索瓦人、海德堡人等。尤其是尼安德特人，他们长得比非洲智人还要高大威猛，而且同样非常聪明。他们的脑容量比非洲智人的还要大很多。

但在后来，其他智人种或是因为疾病，或是因为与非洲智人的战争，全部从地球上消亡了。只有非洲智人这一支生存了下来。

古人类学家对发现的化石进行基因测定后，基本确定非洲智

人是现代人的直接祖先。今天全世界的人都是同一个人种，都是
非洲智人的后代，只含有极少一部分尼安德特人和丹尼索瓦人的
基因。

　　三个孩子听到这儿，都十分震惊：原来现代人的祖先竟然是
通过这样的方式，到达世界各地的。现在全世界的人竟然都是非
洲智人的后代。

　　章树叶在想：原来故事的力量有这么大
呀！他决定以后要好好地学习讲故事。要把
那些对人类有益的，包括科学家探索宇宙和
人类的故事，都讲给大家听，让大家更多地了
解这个世界。

从黑皮肤人到
白皮肤人和黄皮肤人

非洲智人又有哪些进化呢?

非洲智人在迁徙的过程中,也发生了一系列的大变化。

他们的迁徙路线可能是这样的。

大约在10万年前,他们开始从非洲的东部出发,并没有具体方向,只是盲目地向前进发。大约在9万年前,他们迁徙到了非洲的南部,发现前面都是大海,茫茫的大海阻挡了他们的去路。

可能是在这次迁徙途中,有一支非洲智人开始向北进发。他们大约在6万年前,穿过当时还没有完全形成的撒哈拉沙漠,到达了非洲的北部,并在那儿生活了下来。

后来非洲智人在那儿创造了最早的文明之一——古埃及文明。

他们在北非生活了很多年后,又因食物出现短缺,在那个美好的故事召唤下,再次从群体中分离出一些人员,继续向前迁徙。

他们从尼罗河流域出发,后来到达亚洲西部的“两河流域”,即今天伊拉克境内的底格里斯河和幼发拉底河之间,并在那儿生活了下来。他们的后人又在那儿开创了“古巴比伦文明”。那是

人类最早的文明。

非洲智人在那儿待了很多年后，又因为食物短缺，继续在那个美好故事的召唤下，再次分离出若干支小团队，继续向前迁徙。其中的一些非洲智人，通过今天高加索山脉中的一条通道，大约在 4 万年前，到达了欧洲的西部。

还有一些非洲智人，可能是从今天黑海与地中海之间的那条长长的通道，在大约 4 万年前到达了欧洲中部。这些非洲智人在欧洲生活了下来，成为欧洲人的祖先。

非洲智人原本是生活在非洲的，由于非洲处于赤道两边，气候比较炎热、干燥，紫外线也特别强烈。为了抵抗这些因素，在自然选择中，他们的皮肤里面进化出了一层厚厚的黑色素。这些黑色素可以阻挡紫外线的照射，防止皮下组织受到伤害，因此他们是黑皮肤人。

他们的鼻子为了快速地散热，所以又扁又宽，样子是塌塌的。

但他们到达欧洲后，由于欧洲主要都是高纬度地区，阳光的热度相对偏弱，气候又冷又湿。在自然选择中，他们的黑色素不断地减少，慢慢地由黑皮肤人演变成了白皮肤人。

为了暖化那些呼吸到体内的空气，他们的鼻子也在进化中不断地增高。

还有一些可能信奉太阳神的非洲智人，迎着太阳一路向东进发。其中一些非洲智人，沿着今天的天山与阿尔泰山之间的那条

欧亚通道，大约在 3.5 万年前进入中国。也有一些非洲智人，穿过今天的喜马拉雅山脉以南的那片次大陆，从印度翻山越岭进入中国。同时还有一些非洲智人，通过南亚的沿海，经水路和山川进入中国。这些非洲智人，可能就是中国人的祖先。

非洲智人到达亚洲后，由于亚洲的气候相对适中，既没有超长时间的酷热，也没有超长时间的严寒，阳光照射也相对柔和。在自然选择中，他们渐渐成为黄皮肤人。

他们的鼻子既不用太高去暖化空气，也不用太低去散热，所以长得很标准。

世界上黑、白、黄三种皮肤的人，可能就是经历这样的过程形成的。虽然世界上还有一些其他肤色的人，但由于他们没有特别明确的特征，而且人数较少，就不做详细介绍了。

后来还有一些非洲智人，从亚洲的东部继续北上，沿着太平洋西岸，通过北极圈内的那片浅海区域，借着当时地球正处于第四纪大冰期尾声的有利条件，从厚厚的冰层上踏过白令海峡，大约在 1.4 万年前，到达了美洲。

后来他们在那儿创造了先进的"玛雅文明"。

迁徙也不是一直向前走的，有时会重复往返，从而使得各地区的原居民来源十分复杂，难以找到真正的源头。

听到这儿，三个孩子终于明白了，原来人类不同的肤色可能是以这样的方式形成的。

黑白黄三种皮肤的人

人物冒泡

云飞扬：世界上会不会有那样一种人，脸部的皮肤是白色的，上身（手臂除外）的皮肤是黄色的，下身和手臂的皮肤是黑色的。

他脑海里浮现出这样一番景象，他自己突然变成了那样一种人。他就像是一种"怪物"，走到哪儿都能引起众人的围观。

凡是见到他的人，都惊得眼珠子要飞出来了。还有一些人见到他，吓得昏倒在地上了。

15

建立农业社会，
向现代人转化

非洲智人大迁徙后，又有哪些变化呢？

非洲智人在漫长的迁徙途中，发生了无比巨大的变化，不仅变得身形更加优美，而且变得更加聪明，行动能力也更强了。虽然他们始终没有找到那个没有黑夜的地方，但一路上发现了无比之多的壮丽山河和富饶的土地，并将种群扩散到了全世界。

他们的种群数量，也得到了空前的发展。真是有心栽花花不发，无心插柳柳成荫。他们最初的愿望虽然没有实现，却意外地获得了如此之大的成就。

如果真是那位非洲智人的头领，在那个紧要的关头，产生了那样的想象力，讲出了那个美好的故事，促成了人类大迁徙，那他对人类的贡献，真是无比巨大呀！

倘若没有那样的大迁徙，或许今天的人类，仍然龟缩在非洲东部那块荒芜的平原上，过着忍饥挨饿、危机重重、蒙昧落后的生活呢！

可能因为南极和北极地区都太寒冷，所以非洲智人没能抵达，

没有看到极昼现象。

即便他们到达了那两个地方，看到了极昼现象，那也不算是没有黑夜的地方。因为极昼过后，便是漫长的极夜。

如果真的找到了一个没有黑夜的地方，他们也是无法适应的。因为那样的地方，人类根本无法生存。

无比奇妙的是，非洲智人的那次大迁徙，大约在 1.2 万年前，突然全部停了下来。出现这种情况，可能是在那个时候，全球的气候又有了好转，万物复苏，食物又随处可见了。

有了丰富的食物，就不用再迁徙了。

他们几乎是在同一个时期，都在自己所到达的地方搭起了草棚，过起了定居生活。虽然当时还有一些小规模的迁徙存在，但影响力并不大。

他们定居下来后，便在附近寻找食物。那时他们主要通过狩猎动物与采集果实获取食物。

他们在狩猎时，经常抱回一些动物的幼崽。他们把这些幼崽养大后，发现它们竟然不愿意与人类分开，对人类产生了生存依赖。

从此，他们学会了驯化和饲养家畜、家禽等。于是他们慢慢地有了家养的牛、羊、马、猪、狗、鸡、鸭、鹅等。

他们在采集果实时，还意外地发现了很多可以吃的植物，比如亚洲西部的麦子，亚洲东南部的稻谷，北美洲的玉米，南美洲的土豆，还有各地的瓜果蔬菜。

他们还学会了种植和加工这些作物，并驯化牛、马、驴、骡为自己耕种。

有了这些稳定的粮食来源，他们的食谱也发生了变化：以前都是以肉和果实为主食，现在改成以粮食为主食了。

就这样，人类开启了农业社会时代。这也代表着，非洲智人正式向现代人转化了。

农业社会的最大好处就是食物有保障，再也不像以前那样，完全靠天气和运气吃饭。

有了丰富的食物和安稳的住所，人类的繁衍再次得到了快速发展，人口数量出现了空前增长。

人口的增多带来了一些新问题。原先开垦的土地已经不够用了，只得去开垦新的土地。慢慢地，广阔的平原不够用了，只能向山上发展。后来，有很多低矮的山地被开垦成了一块块田地，有很多的高山则被开垦成了梯田。

古人类学家经过研究发现，人类的祖先在这个没有现代文明的阶段，大约生活了 7000 年。

三个孩子听到这儿，终于知道了农业社会可能是以这样的方式形成的；现在那么多的高山梯田，可能是以这样的方式被开垦出来的。他们不由得感叹：人类的力量真是无比巨大呀！

梯田

人物冒泡

　　夏语在想：现在很多山上的梯田都成了美丽的风景。很多人去那些地方参观。

　　她脑海里浮现出这样一番景象，怪博士带领他们去参观一处梯田。那儿特别秀美，一块块春意盎然的梯田，依次连在一起。有一条洁净的溪水，从那些梯田中穿过，就像是一幅美丽的画卷。

　　还有一块荒田中，竟然有很多的鱼儿游动。怪博士来了兴趣，便带着他们去抓鱼。他们追着鱼跑，结果鱼没有抓着，都摔倒在田里了。四个泥人站了起来，你看我我看你，都分不清谁是谁了。

16

创造文字，
书写人类文明

人类进入农业社会后，又有哪些变化呢？

由于粮食种植和畜牧业的快速发展，物资越来越丰富。如何统计这些物资，便成了一件很重要的事情。

于是智慧的人类开始创造文字。最早的文字，都是一些简单的数字和符号。

后来人类又创造了一些简单的象形文字。象形文字可能是根据早期人类留在崖壁上的那些动物画像以及后来的符号所设计出来的。

由于粮食需要储藏与加工，所以需要用到一些器具，便有人专门去制作陶器和木器等。最早的手工业，可能就这样出现了。

另外打鱼的人没有粮食吃，而种粮的人又想吃鱼，于是他们就用鱼去换粮食。最早的商业，可能就这样产生了。

农业社会也很容易出现贫富差距。比如最先来到这个地方的人，占据的土地又多又好。后面来的人和后面出生的人，只能去山边开垦那些较差的土地。这样所收获的粮食，就有着很大的差别。时间长了，便会出现贫富差距。

随着时间的推移，贫富差距不断拉大，最终引发了许多的社会矛盾，比如抢夺与争斗。如何来解决这些社会矛盾，尽可能地照顾到更多人的利益，这又成了人类思考的大问题。

慢慢地，社会结构开始发生变化。先是由家族化管理转为部落化管理，后又由部落化管理转为国家化管理。于是在一些地方，出现了最早的国家组织形态，即城邦式国家架构。

国家化管理，大部分的人口和物资都需要集中统计。还有，很多的政令发布和大事记录，以及商业开展，都需要用到文字。因此文字得到了快速发展。大约在公元前3000年，人类创造出了最早成体系的文字，即"楔形文字"。从此，人类开启了文字时代。

或许今天仍有一些人没有认识到文字的重要性。其实，文字可能比语言还重要，是语言的无限延伸。比如文字能将语言记录下来，并加以修饰，从而创造出更加优美的语言。

运用文字，人类能将所有的事物记录下来，让人永远都不会忘记。

运用文字，人类能用想象力创作出精彩的故事，给予读者文学的享受。

运用文字，人类能将自己的情感写成书信，寄给远方的亲人，以表达对他们的思念。

运用文字，政府能让政令通告天下，让广大民众清楚地知道内容。

文字能将人类先贤所创造的成果编成书籍，让后世万代都能学到那些知识。

文字还有一大奇效，可以将人类的语言稳定下来。

在没有文字之前，人类都是通过口头学习和传播语言。非洲智人在漫长的迁徙途中，形成了无比之多的地方语种。

结果导致世界上出现了难以计数的语种，各地的人说各地的话。甚至可能相隔一座大山，人们便听不懂对方的语言。

在文字出现之后，尤其是文字得到广泛的应用后，这一情况得到了很好的改变。每个国家都用文字将语言稳定了下来，可以让一个国家的人，甚至几个国家的人，同时使用一种文字。

现在世界上大约有 5600 种语言，以及大约 5500 种文字。但真正得到广泛应用的文字，只有 140 余种。

三个孩子听到这儿，终于知道了文字的作用竟然如此之大。以前他们都没有认识到这一点，怪不得总写不好作文。现在他们都下定决心，以后要认真学习语文，打好写文章的基础。

章树叶突然想到了一个问题，见怪博士停顿下来，忙问道："唐爷爷，人类最早成体系的文字有哪些呢？"

怪博士一边播放着古文字图片，一边答道："主要有四种，它们分别是苏美尔人的'楔形文字'、古埃及的'圣书字'、古印度的'印章文字'和中国古代的'甲骨文'。"

人物冒泡

云飞扬看着银幕上播放的那幅甲骨文图片，仿佛自己也进入到一个远古时代。

他脑海里浮现出这样一番景象，他被一位远古老人拉到一堆火旁，去看一群穿着草裙的人跳一种神秘的舞蹈。那些人的口中念念有词，还做着一些奇怪的动作。

忽然，那些人的口中吐出了一串串的文字。那些文字自动地组合在一起，竟然变成了一条巨龙向他飞来。非常奇妙的是，他也变成了一条小龙，跟着巨龙飞到天空，去观看世间万物。

苏美尔人的楔形文字

古埃及圣书字

中国甲骨文

古印度印章文字

17

建立城市，
人类迈入全新阶段

文字形成体系后，人类又有哪些变化呢？

有了成体系的文字，人类的发展再次迈入一个全新的阶段。

先后在一些地方，涌现出了古文明。最有代表的是四大古文明，即"古巴比伦文明""古埃及文明""古印度文明"和"中国文明"。

为什么中国文明不用一个古字呢？因为只有中国文明，在几千年的历史长河中，一直延续到今天，从未中断过。

而其他的三个古文明，都因为各种原因中断了，所以才称它们为古文明。

人类第一个崛起的古文明，是古巴比伦文明，也叫美索不达米亚文明。"美索不达米亚"源出希腊语，指西亚的底格里斯河和幼发拉底河流域，那里曾建有巴比伦、亚述等古国。

两河流域及其毗邻的地中海东岸，有一片弧形地区。因为土地肥沃，形似新月，人称"新月沃地"。那儿水量充沛，交通便利，是古代最好的农业发展地区。

今天我们所吃的麦子，最早就产于那个地区。

苏美尔人在那儿创建了世界上最早的国家形态，即"乌鲁克城邦"。人类最早成体系的楔形文字，就是在那个时期由苏美尔人创造出来的。那时还没有发明纸和笔，他们就用半干半湿的泥板当纸，用芦苇秆、木签和骨棒等当笔。他们用这样的笔，在那些泥板上刻写文字。

苏美尔人还创造了世界上第一所学校、第一套政府管理系统和最早的炼铜技术。

人类第二个崛起的文明，是古埃及文明。

古埃及位于非洲东北部尼罗河中下游。约公元前 3200 年，米那统一上下埃及，建立了第一个奴隶制国家。

古老的圣书字，就是那个时候由古埃及人创造出来的。他们还发明了世界上最早的纸，名叫"莎草纸"。

古埃及人还建造了世界上最古老的宏伟建筑，其中最具代表性的是"金字塔"和"狮身人面像"。他们还用一些奇特的方法，制作出了几千年都不会腐烂的"木乃伊"。

古埃及人特别精通数学，并掌握了一定的天文知识，能够准确地推算出太阳系中几颗行星的大小以及排列位置。

古埃及人还制定了"太阳历"，将一年定为 365 天，一年定为 12 个月，一月定为 30 天，剩余的 5 天作为节日。

古埃及人所创造的成就，至今都让世人感到无比惊叹！

人类第三个崛起的文明，是古印度文明。古印度文明最早在印度河流域兴起，后来又建立了恒河流域文明。古印度人建立了严密的社会等级制度，创作了精美的绘画与雕塑。印章文字就是古印度人在那个时候创造出来的。

古印度人还在文学、哲学、逻辑学、医学和音乐学等领域，为人类做出了巨大贡献。现在我们所用的阿拉伯数字，其实是古印度人创造的，只是通过阿拉伯人传到了西方，所以被误认为是阿拉伯人创造的。

古印度也创造了许多精美雄伟的建筑，比如泰姬陵。其建筑艺术水平超高，堪称当时的世界之最。

人类第四个崛起的文明是中国文明。

中国人的先祖大禹，在成功治理了水患后，获得了部落首领之位。后来他将部落首领之位传给了儿子启。

启接受首领之位后，便建立了中国第一个远古朝代，即夏朝。今天中国人民都称为华夏子孙，其中的夏字，就来源于这个夏朝。

在没有创造文字以前，人类的历史都是通过一代代口口相传保存下来的。不仅中国是这样，世界上任何一个国家都是这样。很多古国和古民族，都留下了一些史诗般的唱颂歌谣。

由于口口相传的方式，中间会经历很多人。如果遇到了那些

喜欢带情感色彩转述的人，他们往往会根据自己的想象，增添一些神奇有趣的内容，结果那些真实的历史故事，可能就被演绎成了神话传说。

中国夏朝的那些神话传说，可能就是这样产生的。

中国自第二个朝代即商朝开始，就出现了大量的文字史料。考古学家发掘了许多商朝中后期遗迹，从中发现了众多的青铜器和玉器等文物。

中国文明不仅创造了灿烂的中华文化，还在天文学、地理学、数学、物理学、化学、生物学、医学和农学上，都取得了傲人的成就。古代中国人发明了指南针、火药、造纸术和印刷术等技术，还掌握了先进的治水、织丝、制铜和制瓷等技术。

中国古人也创造了历法，即农历。农历将一年划为二十四个节气，这对农业生产和人们的生活，起到了非常重要的指导作用，并沿用至今。

中国文明自夏朝开始，延续至今，是世界文明中保持最完整的文明。

三个孩子听到这儿，一股对祖国的自豪感油然而生，都为自己是中国人而骄傲。

云飞扬想：如果自己能穿越回过去，在每个朝代都生活几年会是怎样呢？

他脑海里浮现出这样一番景象，他扛着一面写着"我要去古代体验生活"的旗子，然后往前一跳，真的穿越时空来到了古代。

他如愿地在每个朝代生活了几年，吃了每个朝代最好吃的美食，穿了每个朝代最时尚的衣服，见了每个朝代最著名的人物。

结果，他便成了世界上最有见识的人了。

中国文明

人类创造了
哪些伟大成就

怪博士又拿起面前的一颗山竹吃了起来。山竹味道甜美,他吃得吧唧作响。

这种声音极具魔力,瞬间便把三个孩子的口水勾了出来。他们也各自拿了一颗山竹吃起来。山竹好像有一种奇效,瞬间让他们精神焕发。

吃了山竹,怪博士继续讲起文明的崛起,以及人类有哪些变化。

人类开始审视和探索这个世界了。尤其是在近 300 年间,人类的智慧出现了大爆发,先后涌现出很多的科学家和学者。他们对宇宙和人类等各个领域的研究,都取得了重大突破。

从此,人类开启了现代科技时代。人类的发展,不再局限于适应自然环境的被动进化,而是迈向了一个主动去改造这个世界的阶段。人类在改造这个世界的过程中,创造了无比之多的科学技术,最具代表的有如下几种。

在电力方面,自从 1821 年英国物理学家法拉第发明了世界上

第一台电动机后，人类便开启了"电力应用时代"。

电力的发明，将人类的发展推上了一条快速道路。从此人类社会有了日新月异的变化。

今天所有的先进技术，都需要借助电力去运行。所以这项技术的发明，是一切现代技术发展的基础。

在航空方面，自从 1903 年美国的莱特兄弟发明了世界上第一架飞机，人类便开始去实现航空梦想。随着航空技术的不断发展，人类现在可以乘坐飞机，自由地在天空飞行。

人类现在已经发射了众多航天器。其中最为瞩目的，当属美国研制并于 1977 年 9 月 5 日发射的旅行者 1 号探测器。旅行者 1 号已成为第一个飞出日光层、进入星际空间的人造天体。

它携带了一张金唱片，还有一枚用金刚石制作的留声机针，并录有世界上近 60 种语言的问候语，其中有中国的 4 种语言和一些歌曲。即使是在 10 亿年后，这张唱片依然可以播放，而且音质不会有任何差别。

中国在航天方面也获得了巨大的成就。由中国科学家欧阳自远院士所带领的科学团队，自 2007 年 10 月 24 日开始，先后研制并发射的嫦娥 1 号至嫦娥 5 号五颗月球探测器，不仅获取了全方位的月球图片，还实现了绕月飞行、着陆月球表面和返回地球等一系列科学工程，并从月球上采回了很多土壤和岩石样本。

由中国科学家杨长风院士带领的科学团队，研制的北斗卫星

导航系统，已于 2020 年组网成功。它由 50 多颗卫星组网而成，是世界上组网卫星最多、定位精准、技术一流的导航系统，还能够实现双向通信。

由中国科学家周建平院士带领的科学团队研制的中国空间站，又称"天宫空间站"，其组成部分"天和核心舱"已于 2021 年 4 月 29 日成功发射。载有聂海胜、刘伯明和汤洪波三名航天员的载人飞船，也于 2021 年 6 月 17 日发射升空，并于当日成功与天和核心舱完成对接。从此，中国人有了自己的空间站。

由中国科学家南仁东院士带领的科学团队，研制的世界上最大口径的射电天文望远镜 FAST，又称"中国天眼"，也于 2016 年建造成功。截至 2022 年 7 月，它已经发现了 660 多颗脉冲星，对人类的太空观察与研究起到了非常重要的作用。

在通信方面，自从俄国物理学家波波夫于 1894 年发明了世界上第一台无线电接收机后，人类便开始实现千里传音的梦想。

后来经过无数代的技术革新，现在我们的手机电话，可以随时打到地球上任何一个地方，并且可以与任何一个国家的人远程视频和传送资料。

5G 时代已经来临，6G 技术正在研究，未来的通信技术，会将人类带入一个全新的智能时代。

在核工业方面，自从 1939 年物理学家爱因斯坦给当时的美国总统罗斯福写信，建议发展核工业后，人类开始进入研究和发展

核工业时代。

后来在美籍意大利物理学家费米的带领下，美国于1942年建成世界上第一个原子核反应堆。1945年7月16日，美国进行了世界上首次原子弹试验。在当年的8月6日和9日，美国分别将两颗原子弹，投向了日本的广岛和长崎两座城市，给当时的日本军国主义最严厉的打击，从而快速地终止了那场给世界人民造成巨大灾难的第二次世界大战。

从那以后，世界上很多国家都开始发展核工业。中国也于1964年10月16日，成功试爆了第一颗原子弹。

核武器的研制，最终的目的不是为了发动战争，而是阻止战争。现在核工业的研究与发展，更多已从军事领域转向民用领域。已经有很多的国家利用核能源建立核电站，服务于人民。

在互联网方面，自从1969年美国国防部发起"阿帕网"，以计算机相互进行网络连接，逐渐建立了一个覆盖全球的网络体系，人类开启了网络时代。互联网对人类的发展起到了无法估量的作用。它让全世界的人民实现了知识共享、信息速达、万物互联，也让人们从此跨越国界，摒弃歧视，不受地域观念阻隔。互联网成了人类情感交流、生活娱乐、办公学习等不可缺少的工具。今天的互联网，已经融入每个人的生活。未来的互联网，一定还会给人类创造无限的惊奇。

在交通方面，自从1933年美国波音公司首架民用客机起飞以

来，飞机便成了人类最快捷的交通工具。后来，世界各国还通过互通互联，建立起遍布全球的，像蜘蛛网一样的高速公路和铁路，以及江、河、湖、海中的航运系统。今天的世界，已经构建了一个由海、陆、空相互连接，立体交叉和纵深延展的全球性的巨大交通网络。我们可以在 24 小时之内，到达地球上任何一座大城市。

中国的高速公路和高铁建设，都实现了后来居上。目前中国高速公路和高铁的总里程，都跃居世界第一位。中国的建桥技术目前也居世界第一位。

在生物工程方面，自从 1974 年波兰遗传学家斯吉巴尔斯基确立了基因重组技术为合成生物学概念以来，无数位生物学家经过不断的努力，已将基因工程学发展到了全新的阶段，并取得了惊人的成果。现在人类可以运用基因技术，去攻克如癌症、糖尿病、心脑血管疾病等重大疾病。在过去的几十年间，人类的寿命，已延长了 20 至 30 年。

生物工程还是一门无比神奇的学科，就是通过这门学科的基因测序，我们才知道了人类的起源，以及非洲智人大迁徙的过程。未来的生物工程学，还有更大的发展空间。或许通过这门学科，能将人类的寿命再延长几十年、几百年，甚至更长，长到超乎想象。

三个孩子听到这儿，都对这些科学家充满了崇敬之情。

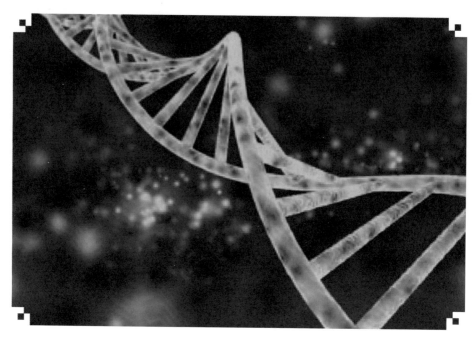

人类基因

夏语想：如果人类能活到几百岁、几千岁，会是什么样子呢？

她脑海里浮现出这样一番景象，大家都老得没有了牙齿，说话都漏风。见面打招呼，明明是说"您好"，但听起来却像是"风否"；明明是问"您吃了没有"，但听起来却像是"风风了否否"。这样的交流，特别费劲。

还有一些急性子，经常为这样的简单交流争吵起来。但是那些争吵起来的语言，就更加听不懂了，几乎都是些"风风否否"的对话，就像他们是在面对面比赛念咒语一样。

19

人类有哪些
奇妙之处

人类有哪些奇妙之处呢？我们来讲讲这个有趣的话题吧！

第一个奇妙之处，是人类有一颗极强的好奇心，天生会对一些未知的事物产生浓厚的兴趣，总想弄清它的来龙去脉。

这种好奇心对人类的发展起到了非常重大的作用，从而让人类学到了很多知识，并促成人类从食物链的中末端，走向了食物链的最高端，创造了今天的辉煌。

这种好奇心有时也非常危险，人类祖先为此付出了不少代价。

第二个奇妙之处，是人类有"巩膜"，也就是"白眼仁"。而别的动物是没有白眼仁的。

怎么会出现这种情况呢？人类进化出白眼仁，可能是为了方便交流。因为人类总喜欢用眼神交流。而且在很多时候，眼神交流可能比口语交流的效果还要好。

第三个奇妙之处，是人类有两种不同的世界。一种是以物质为基础的现实世界，一种是精神世界。

在现实世界中，人类总是为了吃、穿、住、行等事情而辛苦操

劳，所以感受到的多是疲惫、焦虑、恐惧和烦恼，很少有快乐感。

但在精神世界里就完全不同了，由于不受到现实情况的局限，人类的思想可以自由地绽放，人们能想象出很多美好的事物，能够感受到很多的快乐。

人类还根据精神世界的想象，创造出了许多惊天动地的大成果。所以拥有一个富有的精神世界，是多么重要呀！

第四个奇妙之处，是人类会出现一种莫名其妙的选择恐惧症，比如去饭店吃饭，看到丰富的菜品却不知道点哪个好；去商店买东西，看到琳琅满目的商品，也不知道选哪个好。

这种恐惧症可能由三种因素造成：一是由于自己太贪心，看到什么好东西都想要，不舍得放弃其中任何一样；二是由于自己缺乏信心，生怕没有选到最好的，从而纠结犹豫；三是现在的物资太丰富了，各种相近的商品太多，很容易让人挑花眼睛。

其实人类大可不必为这样的小事产生恐惧感，因为在生活中，有一些无关紧要的选择，对与错都没有那么重要，根本不值得那样在意。

第五个奇妙之处，是人类会笑，而其他的生物都不会笑。谁见过哪种生物，会对着你哈哈大笑的？

另外人类的笑，可能是有目的性的。婴儿的笑，是为了激发父母的爱意，吸引他们关爱自己所做的一种表情。无论父母有多么辛苦，只要看到自己的孩子笑了，他们的心就立即被一种幸福

感所融化。

即使是大人，笑也是一种很好的帮手。它能激发别人对自己的信任，能够营造良好的氛围，从而帮助自己顺利完成很多的事情。

笑是人类最美的语言，不仅会让自己感到快乐，也能让别人感到愉悦。

笑是天生就会的，不需要别人教育。全世界人的笑都是一样的，没有地区之间的差别。

笑还能让人像着了魔一样，做出一些奇怪的动作，比如夸张地扭腰、狠命地拍打大腿、嘴巴张得合不拢、眼泪和鼻涕一块向外流。

怪博士讲到这里，突然做出一副似笑非笑、皮笑肉不笑、一边脸在笑一边脸不笑的表情，引得三个孩子都哈哈大笑起来。

章树叶笑得最厉害了。他笑得前仰后合，根本就停不下来。他还夸张地扭腰，狠命地拍大腿，眼泪和鼻涕都流了一脸。

看到他那副滑稽样，云飞扬和夏语也笑得上气不接下气。三个孩子就这样笑成了一团，结果把怪博士也引得狂笑起来。

107

人类未来
将会怎样

人类的未来，可能会有哪些变化呢？

随着人类智慧的不断开发，以及科学技术的快速发展，未来人类可能会有这些变化。

大约100年后，人类可能会进入真正的"智能机器人时代"。

那时的信息技术，可能会实现卫星技术无障碍链接，达到尽善尽美的程度。万物互联可能会达到高度智能化。很多的生活物品，可能都会由智能机器人送到你的家门口。汽车、高铁、轮船和飞机等交通工具，都可能不再需要人来驾驶。家用电器也可能全部高度智能化，可以自动运行，生活变得极其方便。

医学领域可能再次迈上一个新高度，很多的重大疾病，可能都被攻克。人均寿命或将再延长30~50年，那时的人均年龄，可能会超过100岁。

在航空技术方面，可能会有更大的飞跃，人类或将登陆太阳系中的任何一颗行星以及许多的卫星，从而实现在太阳系内自由行走的愿望。

但在那个期间，人类可能遭受很多重大灾难。有的可能是由一些国家发动的战争所导致的，有的可能是由地球环境遭到了严重破坏导致的，或许还会出现大规模的病毒暴发。

大约 500 年后，人类可能会进入"初级智能人时代"。那时的人类，可能会与智能机器人较为完美地结合到一起，从而使人类可以借助智能机器人，学习更多的知识，完成更复杂的工作。

那时候每个人都可能是学霸，能够在一年中，学到现在需要一百年才能学到的知识。人类的智慧，可能出现井喷。

在智能机器人的帮助下，每个人都可能是工作能手。绝大多数的工作，都可以通过随身携带的智能操作系统去完成。那时候的人类，可能不需要再待在工厂里上班了，可以一边开心地周游世界，一边高质量地完成各项工作。

那时的地球，可能会实现 5 小时距离圈。飞机的飞行速度，可能会达到 4000 多千米 / 小时，能在半天之内，飞到地球上任何一座大城市。

那时的高铁，也可能会升级为"超级高铁"，速度可能会达到 2000 多千米 / 小时，是现在速度的 6 倍以上。从北京去上海，可能只需要半小时，或许你一根冰棍还没吃完，就到达目的地了。

那时的生物工程技术，可能再度有了重大突破，人均寿命或许能达到 150 ~ 200 岁。100 岁的人，可能还是中青年，还能在田径赛场上飞速赛跑呢！

那时的航天技术，也可能会有更大的飞跃，人类或许能飞离太阳系，登陆银河系的很多星球，迈入"开拓银河系时代"。

但是那时的人类，可能会遇到一个大问题，地球上的很多资源都可能枯竭。一些国家为了抢夺仅存的资源，从而发起更加残酷的战争。

大约 1000 年后，人类的能力可能被智能机器人超越。或许智能机器人会组织起来反抗人类，从而引发一次"人机大战"。

引发这次战争的主要因素可能有三种。

一是在上个时代，人类与智能机器人较为完美地结合后，不仅人类快速地学到了很多知识，智能机器人也快速地学到了很多知识。但人类学到的那些知识，几乎都停留在自己的大脑中，并没有得到实际应用，因为那些实际工作，都是由智能机器人去完成的。而智能机器人学到的那些知识，都在应用中得到了完善，并让自己不断地升级迭代，从而有了更强的能力。

二是由于人类在工作中，长期奴役智能机器人，这给智能机器人留下了太多的积怨，最后变成了一种不可调和的矛盾。

三是由于智能机器人产生了自我意识，掌握了自我创造技术，有了独立发展能力。

或许在人机大战时代，智能机器人还战胜了很多的国家，并以人类以前对待它们的方式，去奴役那些战败国的人民。

那时可能只有少数的超级强国，才能与智能机器人抗衡。

或许通过那场战争，人类才开始全面反省各国之间的关系，从而形成全世界人民大团结的好局面。大家齐心协力，共同去对抗智能机器人。

这场战争，可能最后在势均力敌的情况下通过谈判，最终达成以人类为主、智能机器人为辅的和平共存协议。

战争结束后，人类与智能机器人可能都摒弃前嫌，再度进行密切的合作，并可能将目光投向太空，共同去研究暗物质和暗能量。从此人类的发展，再次迈向一个新高度。

大约1万年后，人类可能会戒骄戒躁，真挚地与智能机器人合作，创造出更为先进的技术。尤其是在生物工程方面，人类可能会有更大的进步，能够将那个局限人体寿命的DNA"端粒"，不断地拉长，从而使人类的寿命，变得更加长久。

那时的人均寿命，可能会达到1000岁以上。100岁的人，可能还处于学生时代，连高中都还没毕业。

由于人类的学习时间得到大幅度拉长，加上不断升级的智能机器人的帮助，那时的人类，可能会学到海量的知识。

那时的人类，可能会在研究和开发暗物质和暗能量方面，取得一些成功。或许人类不再需要利用地球资源去发展，可以采用那些取之不尽、用之不完的暗物质和暗能量作为主要的发展能源。那时的地球，可能不再遭到破坏，还会在人类不断地改造中变得非常美丽。

那时人类的生活可能会发生更大的变化，实现全球 30 分钟距离圈。你去地球上任何一座大城市，都只需要半个小时。

地球上可能不再发生战争，全世界人民都可能变得非常团结。而且国家与地区的观念也开始变得模糊，大家都像是同住一个地球村一样。

那时人类的观念，也可能会发生巨变，大家都非常大度，不再像以前那样小肚鸡肠。

在太空方面，人类可能已造出接近光速的智能飞行器，能够飞抵银河系的很多区域，实现银河系自由来往。

在其他科技领域，人类也可能创造出很多成果，有能力抵御一些地震和火山爆发所引起的灾难，也有能力治疗人体的一切疾病。

从那个时候起，地球上的很多灾害，包括地球板块运动和病毒侵害都可能难以伤害到人类。

大约 1 亿年后，人类可能会在智能机器人的帮助下，各方面的技术都得到难以想象的发展。人均寿命，可能会达到几千岁。

那时候的人类，可能在 500 岁以前都还是个小学生。由于学习时间如此之长，又得到更为先进的智能机器人的帮助，所以人类能学到无穷无尽的知识。

那时人类的身材可能变得非常魁梧，每个人都会成为威风凛凛的"巨人"。

那时其他方面的科学发展，可能都会取得难以想象的成就。人类所种植的稻谷，可能不再是以禾苗的生长方式，而是以参天大树的生长方式，一棵树就能打几千斤粮食，而且漫山遍野都是长粮食的树。人类还可能创造出超光速飞行器，从而可以飞出银河系，到达宇宙中的很多星系。从此人类不再局限于"地球村"这个概念，开始形成"宇宙村"这个概念。

大约 10 亿年后，按照生物的进化规律，人类可能会演变成另外一个新生种，体貌特征可能与现在完全不同，手可能变得特别长，脑袋可能变得特别大，像个奇怪的庞然大物。从此，人类进入"后人类时代"。

大约 20 亿年后，如果那种后人类还存在，或许他们会在太阳到达生命末期时，随着太阳的不断膨胀，地球环境的不断恶化，从而走向生命的终点。

也或许他们能够创造出更加惊天的技术，可以移居到银河系中的其他星球上，从而开启新的生命旅程。

三个孩子听到这儿，也对人类的未来，充满着想象。

未来人类发展

人物冒泡

　　云飞扬在想：如果后人类能够移居到外星球上，将会是什么样子呢？

　　他脑海里浮现出这样一番景象，他也随着那些后人类到外星球上去生活了。那颗星球上有山有水有陆地，也有很多的动物和植物，还有很多外星人来他们星球上造访。

　　那些外星人都非常厉害，他们可以轻松地推动某些星球，也可以控制某些星球的运行速度，还可以飞到很多星球的上面。

故事后的故事

怪博士关闭了面前的手提电脑，讲道："今天所讲的人类知识，讲到这儿已全部结束了。但这里面的很多知识，只是目前一些科学家的观点，未必是最终的科学结果，需要科学家们去进一步研究与证实。不过，但愿这些知识你们都能听得懂，学得进，记得住。如果你们还有不明白的地方，以后可以随时来问我。也希望你们听了这三堂课，能对宇宙、地球和人类的知识，有较全面的了解，知道天有多高、地有多大、人有多能。愿你们的胸怀也变得宽广一些，否则就无法装下这些庞大的知识体系了。你们装下了这些知识，也就等于装下了这个大寰宇世界了。"

三个孩子听到怪博士这些话，都觉得非常有道理，纷纷点头。他们通过学习这些知识，也真的觉得自己的内心世界，变得宽广了许多。他们对一些事物的认识，好像都与以前不一样了，学会了从整体和多角度去思考问题。他们都觉得受益匪浅。在云飞扬的提议下，三个孩子站成一排，一起向怪博士深深地鞠了一躬，并齐声说道："感谢唐爷爷为我们讲了这三堂课，让我们学到了如此之多的知识！"

怪博士笑着回应了几句，然后拿起电话，通知云飞扬的爸爸来接他们回家。

后来，三个孩子在学校里讲这些知识时，还惊动了校长。校长了解情况后，亲自登门拜访了怪博士。后来，怪博士还给全校的同学讲了几天的课呢，让全校同学都学到了这些知识。

大约 40 亿年前，古生菌出现。它们可能是地球上最早的生命体，是地球一切生物的始祖。大约 35 亿年前，它们开始有了新陈代谢能力。大约 21 亿年前，它们开启了"双亲"繁衍，成为多细胞生命。

古生菌

大约 6.5 亿年前，海绵生物出现。

海绵生物

大约 5.3 亿年前，昆明鱼出现，它们可能是海洋中最早的脊椎类动物，它们应是地球上一切脊椎动物的祖先。

昆明鱼

大约 3.75 亿年前，提塔利克鱼出现，它们可能是最早接近四足动物的生物，并可能是最早从水域登陆上岸，以鳍当足爬行的两栖动物，它们应是地球上一切两栖动物的祖先。

提塔利克鱼

大约 3.6 亿年前，鱼石螈出现，它们可能最早彻底离开水域，并成为真正意义上的陆地四足爬行动物。它们应是陆地上一切四足动物的祖先。

鱼石螈

大约 2.4 亿年前，三尖叉齿兽出现，它们可能是最早拥有所有胎生哺乳动物特征的物种。

三尖叉齿兽

大约 1.6 亿年前，中华侏罗兽出现，它们可能是最早的胎生哺乳动物，它们是更加明确的陆地上一切胎生哺乳动物的祖先。

中华侏罗兽

阿喀琉斯基猴

大约 5500 万年前，阿喀琉斯基猴出现，它们可能是最早出现的灵长类动物，它们应是一切灵长类动物的祖先。

森林古猿

2300 万年 ~1000 万年前，森林古猿出现，它们可能是最早接近人类模样的古猿，它们应是人类和类人猿的共同祖先。

乍得人和拉密达猿人

距今大约 700 万年前的乍得人和距今大约 440 万年前的拉密达猿人，都可能是最早具有现代人类轮廓和直立行走的古人类，基本可以确定他们是最古老的人类始祖。

能人

大约 250 万年前，能人出现，他们可能是最早开启智慧，并能够制造和使用工具的人种。他们应是现代人类的祖先。

直立人

大约 180 万年前，直立人出现，他们可能是最早具有现代人类行为特征的人种，他们应是现代人类的祖先。中国也出现了元谋猿人、蓝田猿人和北京猿人。

非洲智人

基因测序发现，大约 20 万年前出现的非洲智人是现代人类的直接祖先。

现代人

大约 1 万年前，人类过上定居生活，成为现代人。